入选向全国老年人推荐优秀出版物活动书目

一茶一生

YICHA
YISHENG

马挺军 编

中国健康传媒集团

中国医药科技出版社

内 容 提 要

本书共分十章，第一章为茶叶初步认识，第二至八章分别介绍绿茶、白茶、黄茶、青茶、红茶、黑茶及再加工茶的加工、品质检验和经典品种等内容，第九至十章是对茶健康和茶文化的总结概述。

本书内容实用、通俗易懂，适合普通百姓和茶叶相关从业人员阅读。

图书在版编目（CIP）数据

一茶一生 / 马挺军编 . — 北京：中国医药科技出版社，2022.6
ISBN 978-7-5214-3167-4
Ⅰ . ①一… Ⅱ . ①马… Ⅲ . ①茶叶－基本知识 Ⅳ . ① TS272.5

中国版本图书馆 CIP 数据核字（2022）第 087617 号

美术编辑 陈君杞
版式设计 也 在

出版 **中国健康传媒集团** | 中国医药科技出版社
地址 北京市海淀区文慧园北路甲 22 号
邮编 100082
电话 发行：010-62227427 邮购：010-62236938
网址 www.cmstp.com
规格 710 × 1000mm $\frac{1}{16}$
印张 12 $\frac{3}{4}$
字数 204 千字
版次 2022 年 6 月第 1 版
印次 2023 年 5 月第 2 次印刷
印刷 北京盛通印刷股份有限公司
经销 全国各地新华书店
书号 ISBN 978-7-5214-3167-4
定价 **59.00 元**

获取新书信息、投稿、为图书纠错，请扫码联系我们。

前言

    茶叶，是以鲜叶为原料，采用特定工艺加工的、不含任何添加物的、供人们食用或饮用的产品。按加工工艺分为绿茶、白茶、黄茶、青茶、红茶、黑茶六大类。因其风味性能优异，健康功效显著，逐渐成为最受欢迎的世界三大无酒精饮料之一。在我国，茶叶是一种非常重要的经济作物，无论是茶园的面积，还是茶叶的产量，亦或是茶叶的出口量，均为世界第一。

    茶是"药食同源"类膳食的代表。《本草拾遗》中记载："上通天境，下资人伦，诸药为各病之药，茶为万病之药。"近年来，关于茶叶的研究成果层出不穷，一方面为茶的健康属性提供了越来越有力的科学依据，有效驱动了全球范围内的茶叶健康消费；另一方面，为茶叶深加工与功能成分利用提供了新的理论依据，促进了茶叶产业深加工向大健康产业的跨越与延伸。

    本书共分十章。第一章为茶叶初步认识，第二至八章分别介绍了绿茶、白茶、黄茶、青茶、红茶、黑茶及再加工茶的加工、品质检验等相关内容，最后两章是茶健康和茶文化的总结概述。此书可为喜茶人士了解中国六大茶类的分类、加工、品质检验及经典品种认识提供一定的参考。除此之外，还有利于中国茶叶的产业化开发。

    本书在编写过程中，参考和引用了国内外的一些专著和论文中的资料和图表，在此，对这些专著和论文的作者致以衷心的感谢。书中难免存在不足之处，敬请广大读者批评指正。

    感谢贵州省"千人创新创业人才"项目对本书的支持！

马挺军

2021 年 12 月

目 录

第一章
认识茶叶

第一节　茶的概念

　　茶是指一种用采自茶树的芽叶经一系列加工工艺制作而成，经冲泡后能直接饮用的饮品。茶是世界三大无酒精饮料（茶、咖啡及可可）之一，是人类最健康的饮料。茶作为一种世界性的饮料，1000 多年来维系着中国人民同世界各国人民的深厚情感。

　　在 GB/T 30766—2014《茶叶分类》中，将茶叶分为绿、红、黄、白、黑、乌龙茶六种。以茶多酚氧化程度为序，把初制茶分为绿茶、白茶、黄茶、青茶、红茶、黑茶六大茶类。根据发酵程度不同，绿茶为不发酵茶，黄茶为微发酵茶（发酵程度 10%~20%），白茶为轻发酵茶（发酵程度 20%~30%），青茶为半发酵茶（发酵程度 30%~60%），红茶为全发酵茶（发酵程度 80%~90%），黑茶为后发酵茶（发酵程度可达 90% 以上）。

　　绿茶，理论上属于不发酵茶，是一种干茶、汤色、叶底均为绿色的茶。鲜叶摊放后经过杀青、揉捻和干燥工序制作而成，其中"杀青"是关键工序，造就了绿茶"清汤绿叶"的品质特征。绿茶以香高、味醇、形美而闻名。传统绿茶分为炒青绿茶、烘青绿茶、蒸青绿茶和晒青绿茶四类。炒青绿茶主要是特种名优绿茶，如西湖龙井、碧螺春、信阳毛尖等；烘青绿茶传统品种有黄山毛峰、太平猴魁等；蒸青绿茶主要品种是恩施玉露；晒青绿茶主要是"滇青"。

　　黄茶，属于轻微发酵茶类，经过杀青、揉捻、闷黄和干燥工序制作而成，近似绿茶。因在制茶过程中加以"闷黄"工序而形成黄茶特有的"黄汤黄叶"的品质特点，"闷黄"是关键工序。黄茶是我国特有的茶类，分为黄大茶、黄小茶和黄芽茶三类。

白茶，属于轻发酵茶类，只有萎凋、干燥两道工序，伴有酶促反应，基本靠日晒制成。特征是茶叶外表满披白色茸毛，色泽银白，有"绿妆素裹"之美感，芽头肥壮，汤色黄亮，滋味醇厚，叶底嫩匀。白茶是中国特产，主产在福建的福鼎、政和、松溪和建阳等地，台湾也有少量生产。白茶制法特异，不炒不揉，成茶外表满披白毫，呈白色，故称"白茶"，有白毫银针、白牡丹、贡眉（寿眉）花色。

青茶，即乌龙茶，是一类介于红茶、绿茶之间的半发酵茶，既有绿茶的鲜浓，又有红茶的甜醇。以山茶属茶种茶树的叶、驻芽和嫩茎经做青（晾青、摇青）、杀青、揉捻（或包揉）、干燥等工艺加工而成。"做青"是关键工序，是造就半发酵茶品质的重要环节。其主要品质特征是外形粗壮结实，色泽青褐油润，天然花果香浓郁，滋味醇厚甘爽，耐冲泡，叶底绿叶红镶边。"绿叶红镶边"是典型乌龙茶特有的品质特征，是指乌龙茶冲泡后叶片颜色有红有绿。发酵程度偏重的乌龙茶，其叶片一般呈三分红七分绿，叶片中间呈绿色，叶缘呈红色，俗称"绿叶镶红边"，这一品质特征的形成是由于乌龙茶加工工艺中有一道摇青工序，鲜叶在摇青时，叶缘细胞因碰撞而破裂，细胞中的多酚类物质被氧化而变成红色，而叶片中间的细胞没有破碎，保持原有的绿色，因此就形成了叶缘红而中间绿的品质特征。青茶依产地划分如下：①闽北乌龙，主要有武夷岩茶，包括大红袍、水仙、乌龙等；②闽南乌龙，有安溪铁观音、黄金桂、永春佛手；③广东乌龙，有凤凰单丛；④台湾乌龙，包括冻顶乌龙、文山包种。

红茶，属于全发酵茶，是以适宜的茶树鲜芽叶为原料，经萎凋、揉捻（切）、发酵、干燥等一系列工艺过程精制而成的茶。"发酵"是其关键工序，就是茶叶中的多酚类物质在一定的温度、湿度和有氧条件下，经多酚氧化酶催化氧化成茶黄素、茶红素等物质，形成了成品茶"红汤红叶"的品质风格。红茶因其干茶冲泡后的茶汤和叶底色呈红色而得名。一般红茶可以分为大叶种红茶、中叶种红茶和小叶种红茶三种。按照叶片的外形完整程度，红茶又可以分为条形茶和碎形茶。条形茶在制作的过程中经过了揉捻，保持了叶片的完整，中国的小种红茶和工夫红茶都是这种类型；而碎形茶则是经过了切、撕等工序，让茶叶成为碎片或颗粒状，袋泡红茶便属于此类。

黑茶，是鲜叶经过杀青、揉捻、渥堆、松柴明火四大工艺而制成，其中"渥堆"是决定黑茶茶品的关键工序。晒青毛茶堆放到一定高度后，洒水，然后覆盖麻布使之湿热发酵，加速茶叶陈化，渥堆程度越重，茶汤颜色越深。松柴明火干燥是黑茶独特的干燥方法，可以给茶叶带来松烟的香味。黑茶滋味醇厚而不苦涩，具有"陈香""菌花香"和"槟榔香"，汤色橙黄或橙红。黑茶有湖南安化黑茶、云南普洱茶、四川边茶、湖北老青茶、广西六堡茶等。

普洱茶，是以符合普洱茶产地环境条件的云南大叶种晒青茶为原料，熟茶采用渥堆工艺，经后发酵加工形成的散茶和紧压茶。新鲜的茶叶采摘后以自然方式陈放，未经过渥堆发酵处理的为普洱生茶，其特点为干茶色泽墨绿，冲泡后香气清纯持久，滋味浓厚回甘，茶汤绿黄清亮，叶底肥厚黄绿。随着年份及存放环境的不同，普洱生茶的外形、色泽均不断变化，口感滑润、回甘、生津。普洱熟茶，也称人工发酵普洱茶或现代工艺普洱茶。采摘下来的鲜叶，经过杀青、揉捻、晒干制成毛茶，再采用渥堆（人工发酵）的方法快速发酵。熟茶特点为色泽褐红，冲泡后汤色红浓明亮，茶汤丝滑柔顺，醇香浓郁。普洱茶是在晒青毛茶的基础上，经自然发酵或人工渥堆发酵制作而成的。晒青和后发酵是普洱茶与其他茶叶在制作方面差异最明显的地方。

第二节 茶的起源与发展

茶树是木本植物，茶树外部形态因受外界环境条件的影响和分枝习性的不同，植株有乔木、小乔木和灌木之分。乔木型茶树高达 15~30m，基部干围达 1.5m 以上。茶树在迁徙、人工栽培的过程中逐渐演变成树冠矮小、叶片较小的灌木型茶树。人们通常见到的是栽培型茶树，为了多产芽叶和方便采收，往往用修剪的方法，抑制茶树纵向生长，促使茶树横向扩展，所以树高在 0.8~1.2m。中国西南地区是茶树原生中心，云南及其周边地区不仅是世界上最早发现、利用和栽培茶树的地方，也是世界上最早发现野生茶树以及现存野生茶树最多、最集中的地方。中国野生大茶树有四个集中分布区：一是滇南、滇西南，二是滇、桂、黔毗邻区，三是滇、川、黔毗邻区，四是粤、赣、湘毗邻区，少数散见于福建、台湾和海南，主要集结在北纬30°以南，尤以北纬25°居多，并沿北回归线向两侧扩散。世界上已发现的山茶属约有 100 种，在云贵高原就有 60 多种。云南、贵州、四川三省，既有大叶种、中叶种和小叶种茶树存在，又有乔木型、小乔木型和灌木型茶树混杂。植物学家认为，某种植物变异最多的地方，就是这种植物起源的中心地。中国西南三省是中国茶树变异最多、资源最丰富的地方，表明该地区是茶树起源的中心地。

茶之为饮，发于神农氏。源于巴蜀，始于汉魏，兴于隋唐，盛于宋元，朴于明，衰于晚清。前秦时期实现了茶叶从药用到食用的飞跃，饮茶习俗也是在秦统一巴蜀之后逐渐形成的。自古以来饮茶者众多，到南北朝时期渐成风气。可以说"家家户户无不饮茶"。源于西汉、盛于初唐的煮茶法，直至今日仍有少数民族使用。煎茶道形成于唐中期，鼎盛于唐朝晚期，历经五代，经历了大约 500 年。点茶道形成于北宋中后期到明朝初期，消失于明朝末期，时间约有 600 年。泡茶道形成于明朝后期，明清人不仅创造了泡茶工艺，还为以后中国茶叶分类奠定了基础。唐朝时期人们最喜欢的茶不是干燥的散茶，而是被压缩成型的块茶。《茶经》提到"饮有粗茶、散茶、末茶、饼茶者"。蒸青饼茶是唐代的主要茶类，唐代宗开始在顾渚山（浙江长兴县）设立贡茶院，宋朝茶叶重心南移，朝廷贡焙从顾渚改置建安，建茶由此得以长足发展，成为当时中国团茶、饼茶的主要加工技术中心，建安贡茶尤以北苑所产最佳。元朝中期散装茶开始在中国市场占主导地位，明朝洪武帝收贡只要散茶，不要饼茶。宋代斗茶盛行，茶具以瓷器为主，宋人尤其注重瓷器的造型、花色，涌现了"建、哥、汝、定、钧"五大名窑。宋元茶馆文化兴起，"斗茶""茗饮"活跃，茶叶进入"琴棋书画诗酒茶"行列。

第三节　茶的地理分布

陆羽的《茶经·八之出》将茶叶产区划为八大产区，分别为山南、淮南、浙西、剑南、浙东、黔中、江南、岭南，史称"八道四十三州"，涉及今天的四川、陕西、湖北、广西、贵州、湖南、广东、福建、江西、浙江、江苏、河南、安徽等 13 个省份，最北的种茶地区在山东，与中国茶叶的主要产区相当。

我国的名茶及重要茶产地遍布全国，茶产业从东经 94° 的西藏地区至东经 122° 的台湾海峡东海岸，北纬 37° 的山东省到北纬 18° 的海南省，横跨浙江、安徽、福建、江西、江苏、广东、广西、海南、湖南、湖北、河南、四川、重庆、云南、贵州、陕西、山东、甘肃、西藏以及台湾等 20个省、直辖市、自治区的 1000 多个县。根据地域、气候、茶树生长及茶类情况，可分为西南、华南、江南、江北四大茶叶产区，产区自然环境优美，风光宜人，空气清新。伴随 4000 多年的种茶历史，如今茶园中的一草一木已不再是附属于茶树的田间作物，而是成为走进茶叶生态世界的助力者。

西南茶区

西南茶区是我国最古老的茶区，是茶树的原产地。它地处米仓山、红水河、神农架、巫山、武陵山以西，大渡河以东，包括黔、川、渝、滇中北和藏东南。这里主要以赤红壤、山地红壤和黄壤为主，有少量棕壤。该区茶树品种资源丰富，有乔木型和小乔木型，部分地区还有灌木型，是中国发展大叶种茶的主要基地之一，适制绿茶、红茶、黑茶和花茶。

华南茶区

华南茶区位于中国南部，在连江、红水河、南盘江、保山以南，包括闽中南、粤中南、桂南、滇南、海南、台湾。这里大多为赤红壤，少部分为黄壤。华南茶区茶园在森林的覆盖下，土壤非常肥沃。整个茶区高温高湿，全年降水量 1500mm。华南茶区汇集了大叶种（乔木型或小乔木型）和中叶种茶树，适宜加工红茶、绿茶、黑茶、青茶和花茶。

江南茶区

江南茶区位于长江以南，梅江、连江、睚石溪以北，包括粤北、桂北、闽中北、湘、浙、赣、鄂南、皖南、苏南。江南茶区的土壤主要是红壤，茶树多为灌木型中叶种和小叶种，以及部分小乔木型中叶种和大叶种。该茶区是绿茶、红茶、青茶、黑茶、黄茶、白茶、花茶和名优茶的适宜加工区域。

江北茶区

江北茶区是我国最靠北的茶区，南起长江北至秦岭、淮河，西起大巴山，东至山东半岛，包括甘南、陕南、鄂北、豫南、皖北、苏北、鲁东南。江北茶区的地形比较复杂，茶树大多为灌木型中叶种和小叶种，以制绿茶为主。陕西汉中市西乡县午子仙毫，因地处"子午 - 午子"古道旁的午子山而得名，是我国较北的产茶区。

第四节 茶的生物活性成分

茶多酚

茶多酚是茶叶中多酚类物质的总称，包括儿茶素、黄酮类、花青素和酚酸类。其中最重要的是儿茶素化合物，占多酚总量的 70% 以上。茶鲜叶中含有 20%~30% 的茶多酚，绿茶保留量最多，干茶比例高的多达 40%，其次是白茶、黄茶，再次是乌龙茶，红茶和黑茶中茶多酚保留量较少，黑茶最少。茶多酚减少后主要形成茶黄素、茶红素和茶褐素等氧化聚合物。

生物碱

生物碱占茶叶干重的 2%~5%，是形成茶汤滋味的重要成分。饮茶能提神解乏、兴奋利尿就是生物碱的作用。生物碱的含量，夏茶高于春茶，嫩叶高于老叶。

氨基酸

茶叶鲜叶中含有 1%~5% 的氨基酸，共 26 种，主要有茶氨酸、谷氨酸、天冬氨酸和精氨酸。茶氨酸含量占氨基酸总量的一半左右，是形成茶叶香气和滋味鲜爽度的重要成分，能缓解茶的苦涩味、增加甜味。茶氨酸可以提高脑神经传达能力，保护神经细胞，镇静，提高记忆力，减肥、护肝、抗氧化，增强抗癌药物的疗效，增强免疫功能。

维生素

茶叶中维生素含量占干物质总量的 0.6%~1%，水溶性的有维生素 C、维生素 B，脂溶性的有维生素 A、维生素 D 和维生素 K。100g 高级绿茶中含维生素 C 250mg。绿茶中维生素含量较高，乌龙茶和红茶中含量较少。

茶多糖

茶叶多糖复合物（简称茶多糖）是一类杂多糖复合物，由糖类、蛋白质、果胶、灰分等物质组成。一般粗老原料中多糖含量更高，未发酵茶类多糖含量高于发酵茶类。茶多糖具有抗氧化、抗疲劳、抗辐射、降血糖、降血脂、抗血栓、抗肿瘤、增强免疫力等生理功能。

茶色素

茶叶中的色素包括脂溶性色素和水溶性色素两部分，含量占茶叶干物质的 1%。脂溶性色素有叶绿素、叶黄素、胡萝卜素等，是形成干茶和叶底色泽的主要成分；水溶性色素有黄酮类物质、花青素及茶黄素、茶红素和茶褐素等，主要对茶汤有影响。"茶色素"对心血管疾病的预防和治疗有一定作用，表现为能降低血脂和胆固醇，预防动脉粥样硬化。

茶皂素

茶皂素是一类存在于山茶属植物中的齐墩果烷型五环三萜类皂苷，约占茶叶干重的 9%。一般来说，老叶、茶籽、茶树花中茶皂素含量较高。茶皂素能够抗菌、抗病毒、抗过敏、降血压、减轻酒精对胃和肝脏的损伤、诱导肾上腺激素分泌，对多种癌细胞具有杀伤作用。

挥发性成分

挥发性成分在茶叶中的含量很低，一般占干物质的 0.02%（红茶占干重的 0.01%~0.03%，绿茶占干重的 0.005%~0.02%）。虽然含量很少，却是构成茶叶品质的重要因素之一。所谓不同茶香，实际上是不同芳香物质以不同浓度的组合，表现出各种香气风味。茶叶芳香物质的组成可分为碳氢化合物、醇类、酮类、酸类、醛类、酯类、内酯类、酚类、过氧化物类、含硫化合物类、吡啶类、吡嗪类、喹啉类、芳胺类及其他。绿茶、红茶、乌龙茶三大茶类中普遍存在芳樟醇及其氧化物、香叶醇、苯甲醇、茉莉酮酸甲酯等成分，黑茶中的挥发性物质以甲氧基化合物、醛酮类和醇类为主。

第五节　茶的功效

茶叶中含有丰富的营养成分和多种对人体健康有益的成分，茶叶中的营养成分是人体正常生长发育所必需的，茶中的保健成分可以帮助人体预防和治疗某些疾病。怒江地区歌谣唱道："早茶一盅，一天威风；午茶一盅，劳动轻松；晚茶一盅，提神去痛。"大家都习惯通过饮茶提神醒脑，缓解压力。

减肥 降脂

茶叶中的酚类衍生物、芳香类物质、氨基酸类物质、维生素类物质共同起到减肥效果，尤其是茶多酚和维生素 C。茶多酚能溶解脂肪，而维生素 C 则可促进胆固醇排出体外。这些物质的综合协调作用能够促进人体脂肪氧化，帮助消化，达到降脂减肥效果。

抗癌

茶叶中的茶多酚可以有效阻断亚硝胺等致癌物在体内合成，并具有提高机体免疫力和直接杀伤癌细胞的功效。此外，茶多酚（主要是儿茶素类化合物）对胃癌、肠癌等多种癌症的预防和辅助治疗也有一定的帮助。

抗衰老

茶对人体抗衰老的作用主要体现在部分有效的化学成分和多种维生素的协调作用，如茶多酚、生物碱、维生素 C、芳香物、脂多糖等，能增强人体心肌活动和血管的弹性，抑制动脉硬化，减少高血压和冠心病的发病率，增强免疫力，从而抗衰老，使人长寿。

解毒 抗菌

茶叶中的茶多酚有较强的收敛作用，对病原菌、病毒有明显的抑制和杀灭作用，对消炎止泻有明显效果。可用茶叶制剂治疗急性和慢性痢疾、阿米巴痢疾、流感等。

防辐射

茶叶中的茶多酚及其氧化物可以吸收放射性物质（锶 90 和钴 60）。应用茶叶提取物对肿瘤患者在放射治疗过程中引起的轻度放射病进行治疗，有效率在 90% 以上，对放射辐射引起的白细胞减少症的治疗效果也较好。

明目 护齿

茶属于碱性饮料，可以有效抑制人体钙质的减少，对于预防龋齿、护齿、坚齿都是有益的。茶叶中的维生素 C 能降低晶状体混浊度。所以经常饮茶对减少眼疾、护齿明目均有积极的作用。

醒脑 提神

茶叶中的生物碱可以通过刺激大脑皮质，来达到提神醒脑、集中思维、增强记忆力的效果。饮茶还能加速体内乳酸的排泄，从而消除疲劳。

生津 解暑

茶叶中的多酚类、糖类、氨基酸、果胶等物质在口腔中产生化学反应，能刺激唾液分泌，并且产生清凉感。此外，茶还是很好的运动饮品，除了生津清热，其中的生物碱还有提神的作用，能在运动过程中促进身体优先燃烧脂肪供应热能，从而让人在运动中更具持久力。

利尿

茶叶中生物碱和芳香物共同作用，可以增加肾脏的血流量，提高肾小球的过滤率，扩张肾微血管，还能抑制肾小管对水的再吸收，导致尿量增加。所以，多饮茶有助于排出体内的乳酸、尿酸及过多的盐分、有害物等。

美容 护肤

茶叶中的茶多酚是水溶性物质，用茶水洗脸能清除面部的油腻，收敛毛孔，具有消毒、灭菌、抗皮肤老化、减少日光中紫外线辐射对皮肤的损伤等功效。

助消化

茶叶中的生物碱、维生素、氨基酸、磷脂等，能够调节脂肪代谢。此外，生物碱的刺激作用还能提高胃液的分泌量，从而提高食欲，帮助消化。黑茶助消化功能最为显著，具有很强的解油腻、消食等功能。

养胃

茶叶有养胃的功效，主要指的是红茶。茶叶中的生物碱在空腹的情况下对胃的刺激较强，而红茶经过发酵，使茶多酚发生酶促氧化，含量减少，对胃的刺激也随之减少。茶多酚的氧化产物还能促进人体消化，所以红茶不会伤胃反而能够养胃。红茶还有暖胃、保护胃黏膜、治疗溃疡的作用。

降脂 抗凝

人体中如果胆固醇、甘油三酯等含量高，血管内壁脂肪沉积，血管平滑肌细胞增生，会引起动脉粥样硬化斑块等心血管疾病。茶叶具有良好的降解脂肪、抗血细胞凝集、促纤维蛋白原溶解的作用，抑制血小板聚集效果明显。此外，饮茶还可以让血管壁松弛，增加血管有效直径，从而抑制主动脉及冠状动脉内壁粥样硬化斑块的形成。

降血糖

茶叶中的茶多糖复合物是降血糖的主要成分。黑茶中的茶多糖含量最高，其活性也比其他茶类要强，所以黑茶的降血糖效果优于其他茶类。

防便秘

便秘是由于肠管松弛使肠的收缩蠕动力减弱而引起的，茶叶中茶多酚的收敛作用能使肠道蠕动能力增强，因此茶叶具有治疗便秘的效果。另外，茶叶中的茶皂素也具有促进小肠蠕动的作用，对便秘有一定的治疗效果。

醒酒

乙醇的代谢主要靠人体肝脏中乙醇脱氢酶和乙醛脱氢酶的作用，将乙醇水解为水和二氧化碳，需要维生素 C 作为催化剂。若体内维生素 C 不足，会使肝脏的解毒作用减弱，可能会出现酒精中毒。酒后饮少量茶，一方面可以补充维生素 C；另一方面茶叶中的生物碱具有利尿的作用，能使酒精迅速排出体外。但注意酒后饮茶不能过量。

预防坏血病

维生素 C 缺乏会破坏血管壁渗透性，引起瘀点性出血、龋齿出血及肌肉、关节囊的浆膜腔出血。茶汤中有多种黄酮类物质，在治疗坏血病时与维生素 C 有重要的协同作用，能帮助机体加强对维生素 C 的吸收，增强微血管的韧性。

参考文献

尹军峰 . 茶吃个明白［M］. 北京：中国农业出版社，2018.

郝连奇 . 茶叶密码［M］. 武汉：华中科技大学出版社，2018.

王春玲 . 健康中国茶［M］. 北京：化学工业出版社，2018.

第二章
绿茶加工

第一节　绿茶简介

一、绿茶及其分类

（一）绿茶的概念

GB/T 14456.1—2017《绿茶　第 1 部分：基本要求》规定，绿茶（green tea）是以茶树［*Camellia sinensis*（Linnaeus.）O. Kuntze］的芽、叶、嫩茎为原料，经杀青、揉捻、干燥等工序制成。绿茶是我国的第一大茶类，品类繁多，也是我国起源最早的茶类，根据加工工艺的不同，分为炒青绿茶、烘青绿茶、蒸青绿茶和晒青绿茶。

（二）绿茶的分类

我国幅员辽阔、气候多样，自古就是产茶大国。由于我国茶区面积辽阔，按照国家茶区划分标准，将全国产茶地划分为三个级别的茶区，即一、二、三级茶区。我国一级茶区分为四个，即江北茶区、华南茶区、西南茶区和江南茶区。按茶叶的造型，有针形茶、扁形茶、卷曲形茶、雀舌形茶、圆珠形茶、条形茶等。

针形茶外形条索紧细、挺直，色泽绿润，有的产品还满披白毫，南京雨花茶、永川秀芽、恩施玉露是针形茶的代表。扁形茶在外形上基本保持了茶叶原料的完整，其特点是扁平、挺直，芽叶完整，色泽黄绿油润，西湖龙井、峨眉竹叶青、太平猴魁是扁平茶的典型代表。卷曲形茶的外形特点是紧细卷曲，绿润显毫，芽叶完整，蒙顶甘露、洞庭碧螺春、都匀毛尖是卷曲形茶叶的典型代表。雀舌形茶因其外形似鸟雀的舌而得名，其外形特点是芽叶完整，稍扁，茶芽颗粒饱满，形似雀舌，色泽黄绿油润，湄潭翠芽、金坛雀舌、蒙顶雀舌是雀舌形茶的典型代表。圆珠形茶的外形圆紧似珠，紧实、光结、色泽绿润，又称珠茶，要求原料比较柔嫩，要以一芽二叶为主，其造型过程，即干燥过程包括炒二青、炒小锅、炒对锅和炒大锅，涌溪火青、平水珠茶是圆珠形茶的典型代表。条形茶因其呈条索状而得名，其外形特点是条索紧细弯曲，粗老原料制成的条形茶则粗松，并且有黄片和茶梗，条形绿茶色泽灰绿油润，精制后紧直似眉，称为珍眉。

二、绿茶的历史

早在公元 200—265 年的曹魏时代，就形成了一种简单的制造工艺，但该方法尚未最终确定，不同地区的工艺也互不相同。唐代茶人陆羽收集了当时生产和饮用方法的完整清单，并撰写了世界上第一部茶专著——《茶经》。从那时起，我国对茶叶生产有了正式而全面的描述。在宋代，炒青绿茶出现，用沸水冲泡和饮用的方法与今天类似，这是我国绿茶生产历史上的一项重大改革。它改善了茶叶加工的颜色、香气、味道和形状，从而导致质量的飞跃。明代，废团茶制造散茶，煎绿茶完全取代了蒸绿茶。1949年之后，茶的生产方法得到了不断改进，从最初的手工生产演变为机械化生产。据不完全统计，绿茶的年产量约占全国茶叶总产量的 63%，其中浙江省产量最高。此外，中国绿茶占世界绿茶产量的 70% 以上，在世界绿茶贸易中起着主导作用。中国的绿茶出口量占世界绿茶出口量的 82%~85%，居世界第一。

三、绿茶的功效

生津止渴
消热解暑

饮茶可解渴，人尽皆知。饮茶时，茶叶中多种成分与口腔中的唾液反应，使口腔湿润，产生清凉的感觉，其中有机酸与维生素 C 对口腔黏膜起刺激作用，促进唾液分泌，产生生津止渴的作用。

茶叶中的生物碱、可可碱与茶碱都易溶于水，被吸收后能舒张肾血管，因而增加了肾小球的滤过率，这就是饮茶利尿的道理。茶叶中的茶多酚可与重金属络合产生沉淀，并能促进酒精排出体外，茶多酚、维生素 C 等物质还可分解尼古丁等有毒物质，因此饮茶有解烟毒的功效。

利尿解毒

茶叶中的生物碱可使 AMP（ATP 合成的原料）含量增加，使得脑细胞旺盛地生存和活动，因而饮茶能起到消除疲劳、增进大脑皮层活动的作用。另外，茶氨酸还可镇静、舒缓和解除心理压力，使人平静、心情舒畅。

益思提神 镇静

古话说"茶可清心"，饮茶的功能之一是调节精神，以茶会友、以茶敬客，是中国人的一种待客之道。茶能使脑细胞功能维持正常状态，使脑血管供氧正常。

益智益身心

茶叶中的茶多酚、脂多糖、维生素 C 等都能提高机体的免疫功能，还能有效地提高白细胞数量。因此，茶叶的防辐射功效较为明显。现代社会中不同来源辐射的危害值得重视，多饮茶是一种好的防护方法。

防辐射

第二节　绿茶加工的理论基础

绿茶主要加工过程为鲜叶→贮青→杀青→揉捻→干燥。在热的作用下，鲜叶原有的内含物质发生变化，形成了绿茶特有的色、香、味。绿茶色、香、味、形的形成是一个复杂的过程，也是一个不断受到外界环境影响的过程，因此，我们在实践过程中要不断琢磨，进一步揭示和掌握茶叶色、香、味、形品质形成和发展的规律，并应用现代制茶设备，使茶叶品质进一步提高。

贮青过程化学成分变化

贮青也称摊放，即茶鲜叶采摘后在一定的逆境环境下，伴随着强烈呼吸作用与水分的散失，茶叶的内含化合物不断转化或变化，芳香物质的种类、组成及含量不断变化的同时产生大量热的过程。在此过程中，沸点较低、化学性质不稳定的化合物随着贮青过程的进行缓慢散发，或者转化为性质较稳定的化合物，一些高沸点、相对较稳定具有花香、果香的化合物的良好香型逐渐显露。与此同时，酯型儿茶素部分水解成苦涩味和收敛性均较弱的非酯型儿茶素和没食子酸；部分蛋白质水解为具有鲜爽味的游离氨基酸；纤维素和果胶也部分转化为水溶性糖和水溶性果胶，从而增进茶汤的醇度、浓度，减轻苦涩味。

杀青过程化学成分变化

杀青主要是彻底破坏鲜叶中酶的活性，抑制多酚类化合物的酶促氧化，进一步散发青气，改变茶叶的内含成分，以便获得绿茶应有的色、香、味，与此同时，蒸发一部分水分，使叶质柔软，柔韧性增强，便于揉捻成条。杀青作业时，在高温高湿条件下，大量酶迅速失活，香精油总量整体呈下降趋势，部分蛋白质水解为氨基酸，多酚类发生热解和异构化作用，茶多酚类和儿茶素类含量有所增加。杀青后，鲜叶的芳香物质与理化成分发生变化，这些变化为成茶品质的形成和发展奠定了物质基础。

揉捻过程化学成分变化

绿茶揉捻，一方面，芽叶组织和外表形态发生变化；另一方面，随着揉捻，叶内各种物质也发生混合反应。其主要是破坏叶细胞，揉出茶汁，便于冲泡，并使茶叶初步成型。茶叶经过揉捻，内含物质的相互接触、混合及转化，有利于在后续的烘干过程中进行 Mallard 反应，改善茶叶滋味，增加干茶香气。未揉捻型名优绿茶加工过程较揉捻型名优茶更利于形成香气，揉捻型名优茶之间香型比较接近，而未揉捻型名优茶之间香型差异较大。经揉捻的绿茶中橙花叔醇、反 -2- 戊烯醛等少数成分比未揉捻的高，顺 -3- 己烯醇（青叶醇）、萜烯醇成分比未揉捻的相对较低，且多数化合物都比未揉捻型含量低。

🍵 干燥过程化学成分变化

绿茶干燥一般分为三个阶段：第一阶段以蒸发水分和制止前工序的继续作用为主，应采用较高温度；第二阶段以做形为主；第三阶段以发展茶叶香味品质为主。干燥过程中，低级脂肪族醇类化合物的含量进一步下降。醛类、酯类、芳香族和萜烯类化合物则明显上升，在热的作用下，糖类和氨基酸或单独反应，或相互作用发生 Mallard 反应和 Streeker 降解，生成吡嗪、吡咯、呋喃、糠醛类化合物，其香气阈值低，具有强烈的感官特性，使茶叶具有烘炒香、栗香、熟香等香气特征。同时它们也是茶叶中高火味和焦味的主体成分，因而适宜的干燥温度对于发展茶叶香气非常重要。干燥前期"低温长炒"和后期"升温增香"对于发展绿茶香气非常有利。干燥前期相对低温处理的茶样比高温处理的芳香物质含量保留相对要高；干燥后期适当升温，具有花香的成分，如正己醇、芳樟醇、芳樟醇氧化物、橙花叔醇等成分含量均由低到高，正庚醛等不良气味的成分有所下降。

第三节   绿茶加工技术

依据杀青和干燥方法不同，绿茶分为蒸青绿茶、炒青绿茶、烘青绿茶和晒青绿茶四类。

一、蒸青绿茶加工技术

蒸青绿茶是最古老的茶类，加工工艺流程如下：

鲜叶→蒸青→脱水→粗揉→中揉→精揉→烘干→成品

如湖北的恩施玉露、江苏宜兴的阳羡茶等，日本的玉露茶、煎茶和抹茶等都是蒸青绿茶。蒸青绿茶的品质特征是干茶呈棍棒形，色泽绿，茶汤浅绿明亮，叶底青绿，香气鲜爽，滋味醇和清鲜。具体操作流程如下：

🍵 鲜叶采摘

鲜叶采摘是保证蒸青茶质量的关键，鲜叶采摘应符合标准要求，只有在芽叶成熟度达到一定要求后方可采摘。蒸青绿茶鲜叶质量分 2 个原料级别：一级原料以一芽二叶为主，一芽三叶不超过 10%；二级原料一芽二叶

≥ 60%，一芽三叶 ≤ 20%，对夹叶 ≤ 10%。鲜叶原料要求色泽鲜绿、匀净、无老梗老叶、杂草，鲜叶不带鱼叶、鳞片及非茶类物质等。采下的鲜叶应及时运至加工厂摊放。在采摘运输过程中，应避免鲜叶的损伤和日晒雨淋，最大限度地保持鲜叶的新鲜度。

鲜叶摊放

进入车间的鲜叶要求做到"三分开"：上午青和下午青分开，晴天、雨天鲜叶分开，不同级鲜叶分开。鲜叶进入车间要立即摊青，应将鲜叶摊放在萎凋槽上，摊青厚度一级叶 15~25cm，二级青 25~30cm。鲜叶摊放后要送风，以防叶温升高，造成叶子受热红变，影响鲜叶质量。春茶一般第一次吹风 1.0~1.5 小时以后，采用间断送风，送风 20 分钟停 2 小时；夏季第一次吹风，由于气温高，空气温度相对低，送风时间宜短，次数宜多，一般第一次送风 30~60 分钟，以后间断吹 15~20 分钟，停 40~60 分钟，如此重复。在贮青过程中没有吹风条件的，摊青厚度要较薄，一般在 10~15cm，并适当翻叶散热，使其失水均匀，要轻翻、翻匀，尽量减少翻动时的机械损伤。摊青时间一般以 6~12 小时为宜，摊青程度以叶质变软、叶色暗绿、发出清香、含水量达 68%~70% 为宜。

蒸青

蒸青是决定茶叶品质的关键工序，其目的是抑制钝化鲜叶中氧化酶的活性，增强茶叶的柔软性，形成蒸青绿茶的特殊香气。一般用 6CZS-250 型蒸汽杀青机，蒸汽温度105℃，投叶量每小时 100~125kg。蒸青按时间长短可分为浅蒸、中蒸、深蒸，一般以中蒸为宜。中蒸时间（鲜叶通过蒸筒的时间）一级原料 50~60 秒，二级原料 60~70 秒。蒸青程度以叶色青绿，有黏性，闻之有豆香、无青草气为宜。

脱水

蒸青后的叶片不仅表面附有较多的水，细胞的水分含量也非常高，如果此时马上揉捻，叶子容易破碎，不易成条，影响茶叶品质，因此需先进行脱水，以保证外形和汤色翠绿。脱水用 0.8m×2.0m 规格滚筒脱水机，茶叶出口装有吹风机降温，筒内温度 80~85℃，每小时脱水茶叶 130~160kg，采用滚筒热风机散热温度 80~100℃，脱水时间 90~120 秒。脱水后的叶片表面叶色深绿，不结块，手握成团，放开恢复自然松散，叶子柔软，青气消失，茶香显著，含水量为54%~57%。

 揉捻

脱水后的鲜叶如温度过高，仍需摊凉，然后进行揉捻。一般宜选用55型或65型揉捻机，投叶量以揉桶内茶叶能正常翻动为好（一般鲜叶应占揉桶容量的90%~95%）。用6CR-55型揉捻机每次投叶量35kg左右，265型揉捻机投叶量则可为65~75kg。揉捻实际上采用了空压、轻压或中压的用力过程，由于采用的鲜叶原料较嫩，一般不宜加重压。不同的原料，揉捻时间亦应不同，这样才能加工出具有良好外形品质和醇爽口感滋味的茶叶产品。揉捻过程中，加压时应掌握"轻-重-轻"的原则，按不同机型灵活掌握揉捻时间，以条索紧卷、茶汁溢附、不破碎为适度。揉捻结束后，用解块机械或手工把聚结的团块解散，并筛去碎末，将解块好的茶送至干燥车间。

 干燥

干燥即通过烘干机的热使茶坯散发水分，固定茶叶外形，同时促进其内部物质转化，消除青臭气，增进茶香。干燥采用初烘-复烘方式。用烘干机初烘，初烘掌握"薄摊（厚度1.0~1.5cm）、均匀、快速"原则，一级原料毛火120℃（进风口温度），防止低温造成色绿变黄、香气低闷、滋味欠鲜。第二次足火温度110~115℃，因原料老嫩不同，足火温度有差异。烘干后毛茶含水量5%~6%，然后摊凉精制。

二、炒青绿茶加工技术

炒青绿茶在我国产量最多、分布最广，加工工艺流程如下：

鲜叶→杀青→揉捻（或不揉捻，只在锅中造型）→炒干→成品

茶叶在杀青以后应用不同手法造型，制成长条形、圆形、扁形与卷曲形等四种不同外形的炒青绿茶：①长炒青，如江西的婺绿炒青、安徽的屯绿炒青、浙江的遂绿炒青等，精制加工后的产品统称为眉茶，主要外销；②圆炒青，即珠茶，外形浑圆紧结，香高味浓，主要外销；③扁炒青，如龙井、大方等，产于浙江、安徽等地；④卷曲形，如碧螺春等，产于江苏省。炒青绿茶的品质特征是外形色泽绿润，呈条、圆、扁或卷曲，紧结匀整；内质栗香居多，也有清香型。香气持久，滋味浓醇爽口，汤色绿亮，

叶底黄绿明亮。具体操作流程如下：

🫖 鲜叶摊放

从树上采下的鲜叶，其生命活动并没有停止，呼吸作用仍然继续着。在呼吸作用过程中，糖类等化合物分解，消耗部分干物质，放出大量热量，如不采取必要的管理措施，轻则使鲜叶失去鲜爽度，重则产生水闷味、酒精味，发红变质，失去加工饮用的价值。防止鲜叶变质的最好办法就是及时采收，轻装、快运至加工厂进行加工。

对于高档名优茶，鲜叶细嫩，不宜直接摊放在水泥地面上，应摊放在软匾、簸箕或篾垫上。摊放厚度要适当，春季气温低，可适当厚些。高级茶摊放厚度一般为 3cm 左右，中级茶可摊放厚 5~10cm，老叶适当厚摊，最厚不超过 20cm。晴天空气湿度低，可适当厚摊，以防止鲜叶失水过多，影响炒制。雨水叶应适当薄摊，以便更好地散发水分。摊放时间不宜过长，一般以 6~12 小时为宜，最长不超过 24 小时，尤其是当室温超过 25℃时，更不宜长时间摊放。尽量做到当天鲜叶当天炒制完毕。

🫖 杀青

杀青是绿茶加工的主要工序之一，其主要目的是破坏酶的活性，抑制多酚类物质的酶促氧化，同时散发部分青气，改变鲜叶内含成分的部分性质，以形成绿茶应有的色、香、味，而且通过蒸发部分水分增加叶质的韧性，便于揉捻造型。杀青的好坏直接影响干茶的质量，抓好杀青叶的品质管理，是绿茶加工的重要环节之一。

杀青对叶温的要求有一定的范围。采用机械杀青，一般选用滚筒杀青机，它是中国目前茶叶生产上主要应用、生产效率较高的杀青机类型，滚筒杀青机筒径有 60~80cm，筒长 400cm。杀青时，先开启杀青机，同时点燃炉火，使炉筒受热均匀，要求高温杀青，理论上嫩叶锅温控制在 220~230℃，老叶为 230~240℃，在实际生产中，采用锅底烧成微红色或见火星在筒内跳跃时，投叶量一般在 5~7kg 鲜叶；杀青时间要求高温快速，一般嫩叶 7~8 分钟，老叶 5~6 分钟。高温杀青的主要标志就是在短时间内使叶温达到 80℃以上，以尽快抑制酶活性，同时散发部分青气。但是锅温的高低又与投叶量密切相关。一般投叶量越多，锅温要求越高；投叶量越少，则锅温相对可以稍低。一般嫩叶、雨水叶含水量相对较高，投叶量宜少，而老叶等含水量较少，投叶量可适当增加。杀青要求高温、短时，在极短的时间内达到钝化酶活性的目的。杀青时掌握"高温杀青，先高后低，抛闷结合，多抛少闷，老叶嫩杀，嫩叶老杀"的原则。

揉捻

揉捻的目的是卷紧茶条、缩小面积，有利于炒干过程中整形，并适当破坏叶片组织，使茶叶内含成分容易泡出且耐冲泡。大宗绿茶加工基本上都采用机械揉捻。

老叶热揉，嫩叶冷揉。一般一、二级嫩叶，揉捻以无压揉捻为主，中间适当加轻压；而三级以下茶叶要求逐步加压，即开始无压，中间加压，最后又轻压或无压。揉捻过程中投叶量要适宜，揉捻均匀，成条率高。揉捻均匀，嫩叶成条率达90%以上，三级以下的低级粗老叶成条率达60%以上。细胞破坏率在45%~60%，高于70%，则芽叶断碎严重，滋味苦涩，茶汤浑浊，不耐冲泡；低于40%，虽耐冲泡，但茶汤淡薄，条索不紧结，茶汁黏附于叶面，手摸有湿润黏手的感觉。

干燥

干燥的目的是整理条形，塑造外形，发展茶香，增进滋味，蒸发水分，达到足干，便于储藏。绿茶干燥由过去的晒青、烘青转变为炒青绿茶。炒青绿茶以炒为主，以烘为辅，青锅是杀青和初步整形过程，辉锅的作用是进行整形和炒干。根据整形要求的不同，可分为二青、三青、辉锅三个过程。

由于各个环节所采用的干燥方式不同，炒青绿茶干燥的加工作业呈现多样化，有全炒、全滚、烘→滚、炒→滚、滚→炒→炒、烘→炒→滚等。经过不同机型及作业的对比试验认为，在各组合中以烘→炒→滚工艺最好，条索完整，碎茶少，制茶质量高。当加工叶含水率降至6%左右时，炒青绿茶加工完成，便可包装储藏。

三、烘青绿茶加工技术

烘青绿茶常作窨制茉莉花茶的茶坯，也有一些嫩梢制成毛峰，如太平猴魁、永川秀芽等，加工工艺流程如下：

鲜叶→杀青→揉捻→烘干→成品

品质特征：条索细紧，显峰毫，色泽深绿油润，细嫩者茸毛特多；香气清香，滋味鲜醇；汤色清澈明亮；叶底匀整，嫩绿明亮。具体操作流程如下：

🫖 鲜叶摊放

摊放于竹篾凋槽上，厚度以 5~10cm 为宜，摊放 8 小时。

🫖 杀青

采用高温杀青方式，杀青叶含水率 65% 左右。

🫖 揉捻

根据"轻-重-轻"的加压原则，揉捻至 80% 以上卷紧成条，总耗时 20 分钟左右。

🫖 干燥

2 次烘干，6CHB16 型翻板烘干机初烘，茶坯含水率为 25% 左右，CH-120 型自动烘干机足火烘干茶坯含水率 6% 左右。

四、晒青绿茶加工技术

晒青绿茶主产于云南、四川、湖北、广西、陕西等地。大部分原料粗老，多用于制紧压茶，如青砖、康砖、沱茶等，其中以滇青质量最好。加工工艺流程如下：

鲜叶→杀青→揉捻（特别粗老的要喷水杀青，不揉）→晒干→成品

滇青茶品质特征：条索粗壮，白毫显露，色泽深绿油润，香味浓醇，富有收敛性，耐冲泡。

🫖 鲜叶摊放

鲜叶需要摊晾，摊晾场所要阴凉，清洁，空气流通，温度在 25℃ 以下。摊放鲜叶厚度 12~15cm，摊放时间不超过 4~5 小时。摊放过程中可翻叶 1~2 次，当芽叶变弯曲、叶面色泽变暗、感觉叶片失水变柔软，则鲜叶已摊放适度，可进行杀青。

杀青

（1）手工杀青　就是采用铁锅杀青，杀青时当锅温达 200~220℃，可投入摊放适度的鲜叶 4~5kg 下锅炒茶杀青。翻炒过程中保持锅温在 200℃左右，一般一至三级摊放过的鲜叶杀青 7~8 分钟，四至六级杀青 5~6 分钟。以叶色变为暗绿，叶质柔软，用手紧捏成团松手不易散开，略有黏性，显露清香为适宜，应立即出锅。

（2）滚筒杀青机杀青　用滚筒杀青机杀青时，将摊放过的鲜叶投入14~16kg，投入量不宜过多，也不宜过少，杀青机的温度为 200~220℃时，可投入鲜叶。鲜叶投入后，调节滚筒转速约为 110r/min，杀青 8~12 分钟后，杀青完成，滚筒内茶叶必须快速倒出，以免闷黄。

揉捻

晒青茶的揉捻有热揉和冷揉之分，鲜叶级别一至三级可直接热揉，鲜叶四级及以上冷揉效果最佳。

（1）手工揉捻　常见于云南大叶种古树晒青茶，揉捻时双手将杀青后的茶叶捧起揉成团，双手合掌挤压着茶叶，手掌往同一方向搓揉茶叶，视茶叶老嫩度，杀青程度控制手上力度，先轻后重再轻，轻重交替，适时将手中茶叶抖散，不断重复，直至茶叶紧结成条。

（2）揉捻机揉捻　操作时，投茶量为揉桶的 2/3，轻加压揉至茶条初显，再加重压揉至茶条卷紧时，转为轻压再揉 3~5 分钟后出桶，全过程揉捻机转速掌握在 40~50r/min，需要 20~30 分钟。以细胞损伤率在 80% 以上，叶片 90% 以上成条，条索紧卷，茶汁附着叶面，手摸有湿润黏手感为揉捻适度的标志。

干燥

晒青茶都需利用日光干燥，揉捻好的茶叶解块后放置于阳光下，日晒4~5 小时，但受天气状况影响较大，当茶叶水分在 10% 以内，则晒青茶品质形成，晒青茶初制完成。

精制

依据晒青毛茶的外形、净度及成品茶的品质要求，可以分为定级归堆、静电除杂、风选、色选、人工拣剔、拼配等工序。晒青茶的精制过程视毛茶情况，可采用单个工序，也可采用多个工序，不同的工序选择视毛茶情况可自由组合。常规情况下，晒青茶精制过程都需经过静电除杂、风选、人工拣剔这三个工序。

第四节　绿茶品质检验

一、感官品质检验

（一）外形审评

 嫩度

嫩度是决定茶叶品质的基本条件，是外形审评的重要因子。嫩度主要看芽叶比例与叶质老嫩，有无锋苗和毫毛及条索的光糙度。

（1）芽叶比　一芽一叶、一芽二叶指芽及嫩叶比例大，含量多。凡是芽及嫩叶比例相近，芽壮身骨重，叶质厚实的品质好。而老嫩不匀的芽叶初制时难以掌握，且老叶身骨轻，外形不匀整，品质就差。

（2）锋苗　指芽叶紧卷做成条的锐度。条索紧结，芽头完整、锋利并显露，表明嫩度好，制工好。嫩度差的，制工虽好，条索完整，但不锐无锋，品质就次。

（3）光糙度　嫩叶细胞组织柔软且果胶质多，容易揉成条，条索光滑平伏。而老叶质地硬，条索不易揉紧，条索表面凹凸起皱，干茶外形较粗糙。

 条索

叶片卷转成条称为"条索"。各类茶应具有一定的外形规格，这是区别商品茶种类和等级的依据。

（1）长条形茶　比松紧、弯直、壮瘦、团扁、轻重。

（2）扁形茶　比规格、糙滑。

（3）圆珠形茶　比颗粒的松紧、匀正、轻重、空实。

 色泽

干茶色泽主要从色度和光泽度两方面看。色度，即茶叶的颜色及色的深浅程度；光泽度，指茶叶接受外来光线后，形成茶叶色面的亮暗程度。干茶的色度比颜色的深浅，光泽度可从润枯、鲜暗、匀杂等方面去评定。

（1）深浅　首先看色泽是否符合该茶类应有的色泽要求。对正常的干茶而言，原料细嫩的高级茶颜色深，随着茶叶级别下降颜色渐浅。

（2）润枯　"润"表示茶叶表面油润光滑，反光强；"枯"是茶叶有色而无光泽或光泽差，表示鲜叶老或制作不当，茶叶品质差。

（3）鲜暗　"鲜"为色泽鲜艳、鲜活，表示鲜叶新鲜，初制及时合理，为新茶所具有的色泽；"暗"表现为茶色深且无光泽，一般为鲜叶粗老、贮运不当、初制不当或茶叶陈化等所致。

（4）匀杂　"匀"表示色调一致；色不一致，茶中多黄片、青条、筋梗、焦片末等谓之"杂"。

 整碎

整碎指外形的匀整程度。毛茶基本上要求保持茶叶的自然形态，完整的为好，断碎的为差。精茶的整碎主要评比各孔茶的拼配比例是否恰当，要求筛档匀称，不脱档，面张茶平伏，下盘茶含量不超标，上、中、下三段茶互相衔接。

 净度

净度指茶叶中含夹杂物的程度。不含夹杂物的为净度好，反之则净度差。茶叶夹杂物有茶类夹杂物和非茶类夹杂物之分。对非茶类夹杂物或严重影响品质的杂质，必须拣剔干净，禁止混入茶中。对于茶梗、茶籽、茶朴等，应根据含量多少来评定品质优劣。

（二）内质审评

汤色

汤色指茶叶冲泡后溶解在热水中溶液所呈现的色泽。绿茶宜先看汤色，即使其他茶类，在嗅香前也宜先快看一遍汤色，做到心中有数，并在嗅香时，把汤色结合起来看。汤色主要从色度、亮度和清浊度三方面评定。

（1）色度　指茶汤颜色。评定时，主要从正常色（绿中呈黄）、劣变色（汤色轻则汤黄，重则变红）和陈变色（灰黄或昏暗）三方面去看。

（2）亮度　指亮暗程度。凡茶汤亮度好的，品质亦好。茶汤能一眼见底的为明亮，如绿茶看碗底反光强就明亮。

（3）清浊度　指茶汤清澈或混浊程度。"清"指汤色纯净透明，无混杂，清澈见底；"浊"指汤不清，视线不易透过汤层。发生酸、馊、霉、陈变等劣变的茶叶，其茶汤多是混浊不清。杀青炒焦的叶片、干燥烘焦或炒焦的碎片、冲泡后进入茶汤中产生沉淀，都能使茶汤浊而不清。

🫖 香气

香气是茶叶冲泡后随水蒸气挥发出来的气味。茶叶的香气受茶树品种、产地、季节、采制方法等因素影响，使得各类茶具有独特的香气风格，如红茶的甜香、绿茶的清香等。审评茶叶香气时，除辨别香型外，主要比较香气的纯异、高低和长短。

（1）纯异　"纯"指某茶应有的香气，"异"指茶香中夹杂有其他气味。香气"纯"要区别三种情况，即茶类香、地域香、附加香。茶类香指某茶类应有的香气，如绿茶要清香，在茶类香中又要注意区别产地香和季节香。地域香即地方特有香气。附加香是指外源添加的香气。"异"指茶香不纯或沾染了外来气味，轻的尚能嗅到茶香，重的则以异气为主，如烟焦、酸馊、陈霉、青草气等。

（2）高低　香气高低可以从浓、鲜、清、纯、平、粗等方面来区别。

（3）长短　即香气的持久程度。从热嗅到冷嗅都能嗅到香气，表明香气长，反之则短。香气以高而长、鲜爽馥郁的好；高而短次之，低而粗为差。

🫖 滋味

滋味是评茶人的口感反应。审评滋味先要区别是否纯正，纯正的滋味可区别其浓淡、强弱、鲜、爽、醇、和；不纯的可区别其苦、涩、粗、异。

（1）纯正　指品质正常的茶应有的滋味。"浓"指浸出的内含物丰富，有厚的感觉；"淡"指内含物少，淡薄无味；"强"指茶汤吮入口中感到刺激性或收敛性强；"弱"指入口刺激性弱，吐出茶汤口中味平淡；"鲜"似食新鲜水果的感觉，"爽"指爽口；"醇"表示茶味尚浓，回味也爽，但刺激性欠强；"和"表示茶味平淡正常。

（2）不纯正　指滋味不正或变质有异味。苦味是茶汤滋味的特点，如茶汤入口先微苦后回甘者是好茶，先苦后更苦者最差；"涩"如食生柿，有麻嘴、厚唇、紧舌之感；"粗"指粗老茶汤味在舌面感觉粗糙；"异"属不正常滋味,如酸、馊、霉、焦味等。

 叶底

叶底即冲泡后剩下的茶渣。干茶冲泡时吸水膨胀,芽叶摊展,叶质老嫩、色泽、匀度及鲜叶加工合理与否,均可在叶底中暴露。主要审评叶底的嫩度、色泽和匀度。

(1)嫩度 以芽及嫩叶含量比例和叶质老嫩来衡量。芽以含量多、粗而长的好,细而短的差。叶质老嫩可从软硬度和有无弹性来区别,叶的大小与老嫩无关。

(2)色泽 主要看色度和亮度,其含义与干茶色泽相同。审评时掌握本茶类应有的色泽和当年新茶的正常色泽。绿茶叶底以嫩绿、黄绿、翠绿明亮者为优。

(3)匀度 主要从老嫩、大小、厚薄、色泽和整碎去看。一致匀称的为匀度好,反之则差。匀不匀主要看芽叶组成和鲜叶加工是否合理。

绿茶感官品质特征总结见表 2-1。

表 2-1 绿茶感官品质特征

等级	外形	汤色	香气	滋味	叶底
特级	嫩芽显芽	嫩绿明亮	嫩香	鲜醇	完整一芽一叶
一级	绿润露芽	绿明亮	尚嫩香	清爽	一芽一、二叶各 1/2
二级	色绿紧实有芽	黄绿明亮	清香	醇厚	一芽二叶为主
三级	墨绿重实	黄明亮	尚清香	浓醇	一芽二、三叶
四级	黄绿重实	黄尚亮	纯正	醇和	对夹二叶

二、卫生指标检验

污染物限量应符合 GB 2762—2017《食品中污染物限量》的规定。

农药残留限量应符合 GB 2763—2021《食品中农药最大残留限量》的规定。

第五节　经典绿茶

中国近代名优绿茶有数百上千种，品类繁多，滋味多样，均是在历史名茶和贡茶的基础上发展起来的。人们为了追求贡品茶质量的精益求精，总是在采制技术上下功夫，尽量做到完美的程度，因此，极大促进了茶叶采制技术的创新和茶叶质量的提高。近代历史发展过程中产生的各种名优绿茶，其共同特点如下：①原料采摘细嫩，一般都是采摘一芽一、二叶幼嫩芽叶，甚至有不少是采摘单芽的；②制造工艺精益求精，追求各自外形的特色，外形千姿百态，十分美观；③追求色香味的完美，以求达到色绿、汤清、香郁、味鲜醇的程度。品质优良的名优绿茶总是会给人视觉、嗅觉、味觉以美的享受。中国各地的中老年人，以及很多年轻的"白领"阶层，都对名优绿茶情有独钟。因此，中国名优绿茶已逐渐成为茶叶市场的主导产品，很多国外消费者也对中国形形色色的名优绿茶产生了浓厚的兴趣。

西湖龙井

西湖龙井属于扁平形绿茶，产于浙江省杭州市西湖区范围内西湖周围的群山之中。清代乾隆皇帝下江南，多次品尝龙井茶，曾作茶诗四首。兴之所至，将龙井狮峰山胡公庙前的十八棵茶树封为御茶，年年进贡。龙井茶色绿，外形扁平光滑，汤色碧绿明亮，香馥如兰，滋味甘醇鲜爽，一向有"色绿、香郁、味醇、形美"四绝佳茗之誉。

碧螺春

碧螺春属于曲螺形绿茶，主产于江苏省苏州市吴中区（原吴县）太湖的洞庭山，所以又称"洞庭碧螺春"。碧螺春茶外形条索纤细，卷曲成螺，满身披毫，银白隐翠，汤色碧绿清澈，香气浓郁，滋味鲜醇甘厚。冲泡碧螺春茶时可观赏到"雪浪喷珠，春染杯底，绿满晶宫"三种奇观。

黄山毛峰

黄山毛峰属于兰花形绿茶，产于安徽省歙县黄山一带。黄山产茶历史悠久，风景区外周的汤口、岗村、杨村、岩村是黄山毛峰的"四大名家"。尤以黄山市徽州区富溪乡产的毛峰品质最佳。采摘特级黄山毛峰，外形似雀舌，匀齐壮实，锋显毫露，色如象牙，常常有金黄的鱼叶，汤色清澈，清香高长，滋味鲜浓、醇厚、甘甜。

庐山云雾

庐山云雾属于直条形绿茶，产于江西省庐山一带。庐山青峰重叠，云海奇观，风景秀丽。庐山种茶始于东汉，随着佛教的传入，寺庙甚多，各自在云雾山间栽茶制茶，均称"云雾茶"。庐山云雾茶圆直多毫，色泽翠绿，有豆花香，滋味浓醇爽口。

六安瓜片

六安瓜片属于片状绿茶，产于安徽省六安、金寨、霍山等地。六安在汉代就产茶，唐宋时已成为著名产茶区。这种片状茶，外形顺直完整，叶边背卷形似瓜子，故称"瓜片"。六安瓜片的品质别具一格，色泽宝绿，叶表有白霜，白毫显露，开汤后清香持久、滋味鲜醇，回味甘甜，汤色碧绿，清澈明亮，叶底黄绿。六安瓜片的极品茶"齐山名片"曾多次获得金奖。

太平猴魁

太平猴魁属于兰花形绿茶，主要产于安徽省黄山市黄山区（原太平县）。清末，太平县猴坑茶农王魁成选择了嫩芽叶，并将它们精心制作为"王老二魁尖"，质量很好，因产于猴坑故命名"猴魁"。该茶于1912年在南京南洋劝业会和农业和商务部

展出，并荣获优秀奖。1915年，在巴拿马万国博览会上获得了金奖。太平猴魁每朵茶有两叶一芽，汤色杏绿，味道浓郁，口感醇厚。

信阳毛尖　信阳毛尖属于直条形绿茶，产于河南省信阳市。曾于1915年在巴拿马万国博览会上获得金奖。信阳毛尖芽叶细嫩有锋苗，外形细、圆、光、直，多白毫，香高味浓汤色绿，是江北茶区最著名的茶叶。

都匀毛尖　都匀毛尖属于曲螺形绿茶，产于贵州省都匀市。都匀毛尖茶因外形卷曲似钩，又名"鱼钩茶"。品质极佳，历史上就曾销往海外。都匀毛尖于1915年在巴拿马万国博览会上获得优质奖。我国茶学泰斗庄晚芳教授品饮后曾作诗赞赏："雪芽芳香都匀生，不亚龙井碧螺春，饮罢浮花清鲜味，心旷神怡攻关灵。"

峨眉竹叶青　峨眉竹叶青属于扁平形绿茶，产于四川省峨眉山。峨眉山产茶历史悠久，唐代就有白芽茶被列为贡品。现代峨眉竹叶青是20世纪60年代创制的名茶，其茶名是陈毅元帅所取。竹叶青外形扁平光滑、挺直秀丽，色泽嫩绿油润，香气浓郁持久，有嫩板栗香，汤色嫩绿明亮，滋味鲜嫩醇爽，叶底完整、黄绿明亮，是形质兼优的礼品茶。竹叶青还是食疗佳品，但茶凉后再饮对身体有寒滞、聚痰的不良作用，所以茶要趁热饮用。

蒙顶甘露　蒙顶甘露属于曲条形绿茶，是蒙顶山系列名茶之一，产于四川省雅安市名山区的蒙顶山。"扬子江中水，蒙顶山上茶。""甘露"之意，一是指西汉年号；二是在梵语中为念祖之意；三是说茶汤滋味鲜醇如甘露。蒙顶甘露外形紧卷多毫，嫩绿色润，汤黄微碧，香气高爽，味醇而甘。

恩施玉露

恩施玉露属于直条形绿茶，产于湖北省恩施市五峰山一带。由于保留了古老而传统的蒸汽杀青工艺特点，恩施玉露品质奇特，外形条索紧圆、光滑、纤细挺直如针，色泽苍翠润绿，艳如鲜绿豆，香高味更醇。

湄潭翠芽

湄潭翠芽原名湄江茶，因产于湄江河畔而得名，创制于1943年，至今已有60多年历史，为贵州省的扁形名茶。湄江翠片采自湄江良种苔茶的嫩梢，清明前后开采，以明前茶品质最佳。特、一、二级翠片采摘标准如下：一芽一叶初展，芽长于叶，芽叶长度分别为1.5cm、2cm、2.5cm。制500g特级翠片需采5万个以上芽头。外形绿润，扁平、光滑匀整，滋味鲜爽，汤色绿润清澈，栗香浓郁持久，叶底绿鲜活匀整。

日照雪青

日照雪青属于曲条形绿茶，产于山东省日照市。日照雪青采摘一芽一叶，初展芽叶为原料，做到四不采，即紫芽、病虫叶、雨水叶和露水叶不采。其品质特点是条索紧细，色泽翠绿，白毫显露，香高持久，滋味鲜爽。具有杀菌降压、防癌抗癌、醒脑提神、利尿解毒、降脂肪、助消化、护齿明目的功效，常饮可延年益寿、抗衰老、葆青春、美容颜，属高档保健饮品。

紫阳富硒茶

紫阳富硒茶属于曲条形绿茶，产于陕西省紫阳县。紫阳富硒茶的硒含量处于最佳水平。硒是有利于人体健康的必需元素，能增强人体的免疫功能，是一种抗氧化剂，有利于清除人体内多余的有害自由基，预防癌症的发生。因此，紫阳富硒茶被誉为富硒保健茶。

南京雨花茶

南京雨花茶属于直条形绿茶，主产于江苏省南京市及其郊区。外形挺直如松针，色泽嫩绿，滋味醇鲜爽口，叶底嫩黄绿。

南京雨花茶的诞生，有特殊的纪念意义。它形似松针，翠绿挺拔，仿佛是牺牲在雨花台的数十万革命烈士的铮铮铁骨，象征着革命烈士忠贞不屈、万古长青，因此定名为"南京雨花茶"。

婺源茗眉

婺源茗眉属于曲条形绿茶，产于江西省上饶市婺源县。婺源茗眉是婺绿眉茶中的极品茶，采摘优良品种"上梅洲"种肥嫩的一芽一叶、二叶为原料，进行精细加工制作而成。其品质特征为外形壮实，弯曲如眉，白毫显露，内质香浓持久，具有兰花香，滋味鲜爽，醇厚甘冽，汤色嫩绿清澈，饮之沁人肺腑、回味无穷。

古丈毛尖

古丈毛尖属于曲条形绿茶，产于湖南省湘西土家族苗族自治州古丈县。古丈县境内，山峦起伏，所产茶叶古丈毛尖，外形条索紧结，锋苗挺秀，色泽翠润，白毫显露，开汤后香气高锐持久，汤色清澈明亮，滋味醇爽，具高山茶风味。

凌云白毫

凌云白毫属于曲条形绿茶，产于广西壮族自治区凌云县。凌云县土壤多为高原森林土，有机质含量高，土壤肥沃。其品质特点为白毫特显露，汤色翠绿，香高味鲜爽。该茶曾作为国家级礼品赠送给摩洛哥国王哈桑二世，被视为珍宝，被称为"茶中极品"。

梵净翠峰

梵净翠峰属于扁平形绿茶，产于贵州省印江县梵净山。明代永乐年间，梵净山辟为佛教圣地，山上多梵宇，不少寺僧开山种茶，当时梵净山就出产"团龙贡茶"。20世纪90年代初研制成功"梵净翠峰"，外形扁平似利剑，挺直平滑、匀整秀丽，色泽绿润、显毫，冲泡后芽叶成朵，兰花香浓郁高爽，滋味鲜醇，而且耐冲泡。

凉都水城春

水城春茶有倚天剑、明前翠芽、凤羽等13个品种，具有"早""生态""富硒"的优良品质。水城春茶一般在清明前采摘，采摘标准为一芽一叶、一芽二叶，经杀青（用砂锅）、揉捻（手工热揉）、晒干（生尖）、焙茶（熟尖用砂锅）等多道工序制成，制法和成品都接近炒青绿茶的风格：外形条索紧结、光滑、重实，色褐绿，内质香高味浓。

安化松针

安化松针是湖南著名的绿茶。据文献记载，自宋代开始，安化县内的芙蓉山、云台山上，茶树已经是"山崖水畔，不种自生"了。所制"芙蓉青茶"和"云台云雾"两茶，曾被列为贡品。采摘以清明前一芽一叶初展的幼嫩叶为主。外形紧结挺直秀丽，形如松针，色泽绿翠，白毫显露，香气馥郁，汤色清澈明亮，滋味甜醇，叶底嫩匀。

安吉白茶

安吉白茶为浙江省湖州市安吉县特产，国家地理标志产品，因为名称的缘故将它当作白茶，实际属于绿茶，制作工艺是按照绿茶的方法加工，属于不发酵茶。安吉白茶作为一种珍贵的变异茶种，属于"低温敏感型"茶叶，其阈值约在23℃，因为它的叶片发生了变异导致叶绿素缺失

而呈现白色（这种茶也称黄叶茶、白叶茶、白化茶），其特点是鲜叶呈白色而干叶见不到白色。茶树产"白茶"时间很短，通常仅1个月左右。以原产地浙江安吉为例，春季，因叶绿素缺失，在清明前萌发的嫩芽为白色。在谷雨前，色渐淡，多数呈玉白色。雨后至夏至前，逐渐转为白绿相间的花叶。至夏，安吉芽叶恢复为全绿，与一般绿茶无异。正因为神奇的白茶是在特定的白化期内采摘、加工和制作的，所以茶叶经冲泡后，其叶底也呈现玉白色，这是安吉白茶特有的性状。

安吉白茶采自"白叶一号"茶树的鲜叶，采摘期应在春季，采用摊青、杀青、理条搓条、摊晾、初烘、焙干、整理等主要加工方法制作而成。成品茶叶含水量不高于5%，游离氨基酸总量不低于5%。安吉白茶外形似凤羽，色泽翠绿间黄，光亮油润，香气清鲜持久，滋味鲜醇，汤色清澈明亮，叶底芽叶细嫩成朵，叶白脉翠，富含人体所需的18种氨基酸，其氨基酸含量在5%~10.6%，高于普通绿茶3~4倍，多酚类少于其他的绿茶，所以安吉白茶滋味特别鲜爽，没有苦涩味，茶叶中有一丝清冷，竹香清纯，非常适合女性和儿童饮用。安吉白茶还具有突出的抗氧化和降血糖的功能。

狗牯脑

狗牯脑茶是江西珍贵名茶之一，产于罗霄山脉南麓支脉，遂川县汤湖乡狗牯脑山。该山形似狗头，取名"狗牯脑"，所产之茶即从名之。其始制于明代末年，距今已有300年历史。1983年被评为江西省名茶，1985年被评为江西省优质名茶，并选送全国名茶展评会。

狗牯脑茶外形秀丽，芽端微勾，白毫显露，香气清高；泡后茶叶速沉，液面无泡，汤色清明，滋味醇厚，清凉可口，回味甘甜，为茶中珍品。

明前春雪

明前春雪属于绿茶类，产于安徽省滁州市南谯区。在清明前采摘，清明时节上市，采一叶一芯，又称芽茶，因嫩芽只用初春刚长出来的雪芽，故称"明前春雪"，此茶香高味浓，捧一杯香气四溢，堪比诸仙琼蕊浆。特级明前春雪的品质特征是芽头饱满，芽叶抱合挺直稍扁，色泽绿润，

披毫似雪；清香高长，有花香，汤色清澈明亮，滋味鲜爽，有花香味，叶底全芽嫩绿匀整。

参考文献

宋全林．图解绿茶［M］．北京：中医古籍出版社，2017．

杨晓萍．茶叶营养与功能［M］．北京：中国轻工业出版社，2017．

阚能才．科学品茶［M］．北京：知识产权出版社，2017．

绿茶加工

白茶是一种采摘后，不经杀青或揉捻，经过萎凋、干燥工艺加工而成的微发酵茶，是中国茶农创制的传统名茶，也是中国六大茶类之一，因其成品茶多为芽头，满披白毫，如银似雪而得名。主要产区在福建福鼎、政和、宁德市蕉城天山、松溪、建阳以及云南景谷等地，因此素有"世界白茶在中国，中国白茶在福建"的说法。其中，福建福鼎被命名为"中国白茶之乡"，是中国最大的白茶主产区。白茶基本加工工艺为萎凋、干燥，其制作过程历时较其他茶类时间更长，具有耐贮存、越陈价值越高的特点。萎凋是形成白茶品质的关键工序，伴随长时间的萎凋，鲜叶发生一系列的化学反应，形成香气清鲜、滋味甘醇爽口的品质特征。其独特的加工工艺赋予白茶白毫满披，色泽银亮，滋味鲜爽微甜，香气清鲜，毫香显露的品质特征。白茶性凉，更适宜高温工作者、体胖者饮用。

第一节　白茶简介

一、白茶及其分类

（一）白茶的概念

GB/T 22291—2017《白茶》规定，白茶（white tea）是以茶树［*Camellia sinensis*（Linnaeus.）O. Kuntze］的芽、叶、嫩茎为原料，经萎凋、干燥、拣剔等特定工艺过程制成。根据茶树品种和原料要求的不同，分为白毫银针、白牡丹、贡眉、寿眉四种产品。

白茶是采用试制品种的白树芽、叶及嫩茎，经过萎凋、干燥、拣剔、拼配、匀堆、复烘等工艺（不包含揉捻）制作而成的，具有特定品质特征的茶叶。

（二）白茶的分类

按照茶树品种的不同，白茶可分为小白、大白、水仙三类。采自菜茶茶树制得的白茶称为小白，采自大白茶茶树制得的白茶称为大白，采自水仙茶茶树制得的白茶称为水仙。以上白茶产品出现的时间顺序为先有小白，后有大白，再有水仙。

按照加工工艺不同，白茶可分为传统白茶、新工艺白茶、再加工白茶。传统白茶按照品种与采摘标准不同，分为白毫银针、白牡丹、贡眉、寿眉。再加工白茶包括金花白茶、紧压白茶。

🫖 传统白茶

（1）白毫银针　是以大白茶或水仙茶树品种的单芽为原料，经萎凋、干燥、拣剔等特定工艺过程制成的白茶产品。按照产地不同，白毫银针可分为北路银针和南路银针，产于福鼎的银针称"北路银针"，外形优美，芽头肥壮，茸毛厚密，富有光泽；香气清淡，汤色碧清，浅杏黄色，滋味清鲜爽口；产于政和的银针称"南路银针"，芽瘦长，茸毛略薄，深绿隐翠，但香气芬芳，滋味鲜爽醇厚，内质较佳。

（2）白牡丹　是以大白茶或水仙茶树品种的一芽一叶或一芽二叶为原料，经萎凋、干燥、拣剔等特定工艺过程制成的白茶产品。白牡丹外形舒展，芽叶连枝，两叶抱蕊，形似花朵；色泽灰绿，汤色橙黄、清澈明亮，叶底芽叶各一半。与白毫银针相比，白牡丹的内含物质更加丰富，生物碱和氨基酸含量较高，成茶毫香明显，滋味入口甜爽，回甘明显，耐泡度高，是白茶中性价比较高的品种。

（3）贡眉　是以群体种茶树品种的嫩梢为原料，经萎凋、干燥、拣剔等特定工艺过程制成的白茶产品。贡眉茶毫心明显，叶张稍肥嫩，芽叶连枝，叶张微卷，颜色灰绿或墨绿，内质丰富，入口甜爽，汤色浅黄明亮，耐泡度好，经长期存放香气丰富，口感顺滑，甜爽醇厚，宜泡宜煮，常常有枣香、桂花香等迷人香气。

（4）寿眉　是以大白茶、水仙或群体种茶树品种的嫩梢或叶片为原料，经萎凋、干燥、拣剔等特定工艺过程制成的白茶产品。寿眉茶芽心较小，或者不带毫心，色泽灰绿稍黄；香气低，略带青气和粗老气；汤色杏黄或者橙黄；滋味清甜，缺厚度；叶底黄绿，叶脉带红。

🫖 新工艺白茶

新工艺白茶简称新白茶，是按白茶加工工艺，在萎凋后加入了"轻微揉捻"的环节。轻微揉捻会破坏叶片的细胞壁，致使茶叶中的茶多酚与多酚氧化酶相互结合，从而发生酶促氧化反应，茶多酚迅速被氧化，使得该工艺生产的茶叶品质与传统白茶有很大的区别。庄任在《中国茶经》中这样描述新工艺白茶："茶汤味似绿茶无鲜感，似红茶而无酵感，浓醇清甘是其特色。"新工艺白茶的成茶外形为叶张略有皱褶，呈半卷条形，干茶色泽暗绿带褐，香气浓纯，汤色橙红，滋味浓醇清甘，叶底开展，色泽青灰带黄，筋脉带红。

新工艺白茶创始于 1964 年，为适应我国香港地区的消费需求，中茶福建公司开始研发创制新工艺白茶，当时该技术方案由庄任负责，以中茶福建公司刘典秋为主的技术团队，在福鼎白琳初制厂进行试验创制了新品类，称作"新白茶"。1968 年，刘典秋的技术团队在"新白茶"的基础上进一步试验，创造了白茶的新工艺制法，即将萎凋叶进行适时、快速揉捻，然后烘干，生产出的新工艺白茶条索紧结，汤色加深，浓度加强，投放市场后深受香港消费者的喜爱。它除了出口到日本及东南亚国家等传统市场外，也逐渐在国内市场推广销售。

🫖 金花白茶

金花白茶是以白毫银针、白牡丹、贡眉、寿眉为原料，依次经蒸汽软化、压制成型（或不压制成型）、发花、干燥等工艺制作而成的，含有冠突散囊菌的白茶产品。金花白茶有散状金花白茶和紧压金花白茶两种形态，它们是将传统白茶经处理后放入"发花车间"，在一定温度、湿度的条件下，进行复杂和严格的"发花"，使茶叶内部长出了益生菌——冠突散囊菌。

金花，学名冠突散囊菌（*Eurotium cristatum*），散囊菌目发菌科散囊菌属，最初出现在黑茶中，为益生菌，是茶叶在特定温湿度条件下，通过"发花"工艺生成的自然益生菌体。

🫖 紧压白茶

紧压白茶是将散状白茶经过压制工艺而制作成茶饼、茶砖、茶球等各种形状的白茶产品。紧压白茶出现的时间较短，是为了减轻白茶巨大的库存压力而产生的一种再加工茶类。它主要是仿照普洱茶的压制工艺制作而成，由于白茶没有揉捻工艺，茶叶细胞较为完整，没有茶汁附着在茶叶表面，黏性不强，所以其压制工艺与普洱紧压茶有所区别。

紧压白茶在 2010 年前后开始大量涌现，初期压制技术还不够成熟，出现了许多问题，如干度不够、蒸汽熏蒸过度、压制压力过大、干燥温度过高等。随着压制工艺的日益完善，紧压白茶对散茶内在品质的改变越来越小。紧压白茶外形匀称端正，压制松紧适度，不起层脱面，内质香气纯正，滋味醇爽，汤色明亮，叶底匀整。

二、白茶的历史及其分布

（一）白茶的历史

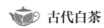 **古代白茶**

中国历史上关于茶最早的记载为《神农本草经》中的："神农尝百草，日遇七十二毒，得茶而解之（茶即我们现在的'茶'）。"众所周知，中国原始社会时期的部落首领是神农氏，他被称为中华民族的农业之祖、商贸之祖、医药之祖、音乐之祖等，对中华文明有着永垂不朽的伟大贡献。有人认为神农氏发现茶叶只是神话传说，而上古时代的考古和相关记载却证实了神农氏时期相关文明的存在，在神农氏时期有可能产生了农业、商贸、医药、历法、音乐等相关文明，但是人们更愿意将茶叶的发现归为同时期的代表物，所以茶叶被发现并加以利用，起源于上古时期的神农氏时期是较为合理的。

关于上古神农氏时期的茶叶是什么茶类的问题，众说纷纭。有学者认为，神农尝百草日遇七十二毒，最后是从茶树上摘下鲜叶咀嚼而解毒。古人在不断的农耕生活中逐渐认识了茶的药用价值，其中，植物类中药是采摘茶树上的鲜叶自然晾干，收存茶叶，同时这也应该是古人最早使用茶叶的方法，与今天白茶自然萎凋、不炒不揉的制作工艺相似，所以中国茶叶生产历史上最早的茶叶应该是白茶。湖南农业大学杨文辉教授认为，由于茶叶生长的季节性局限，为使全年都能喝上优质茶叶而采集鲜叶晒干收藏，这便是茶叶制造的开端，所以我国最先发明的不是绿茶，而是白茶。

白茶的名字最早出现在唐朝陆羽的《茶经》（758 年）七之事《永嘉图经》中，其记载："永嘉县东三百里有白茶山。"陈橼教授在《茶叶通史》中指出：

"永嘉东三百里是海，是南三百里之误。南三百里是福建福鼎（唐为长溪县辖区），系白茶原产地。"可见唐代长溪县已培育出"白茶"品种。宋代赵佶《大观茶论》中出现的"白茶"，其实是早期产于北苑的野生白茶树，采制方法是蒸压而成团茶，非现代白茶；宋子安的《东溪试茶录》将"白茶"列为茶叶七个品类之一，也是白茶品种，不是白茶制法。这与现代武夷山的白鸡冠、浙江的安吉白茶、宁波印雪白茶相似，都是指叶片白化的茶树，但制法都不是白茶。

白茶制法的最早文字记载是明代田艺蘅所著《煮泉小品》（1554年），其中所载："茶以火作者为次，生晒者为上，亦近自然，且断烟火气耳。生晒茶沦于瓯中，则旗枪舒畅，清翠鲜明，尤为可爱。"其中"生晒者为上，亦近自然"就是白茶的加工方法。明代闻龙《茶笺》（1630年）进一步阐述："田子蓺以生晒不炒不揉者为佳，亦未之试耳。"这种"不炒不揉"的制茶方法正是当今白茶制法的特点。明朝陆应阳在《广舆记》中写道："福宁州太姥山出名茶、名绿雪芽。"清代周亮工《闽小记》、郭柏苍《闽产录异》、吴振臣《闽游偶记》、邱古园《太姥山指掌》都有关于绿雪芽的记载。民国卓剑舟著《太姥山全志》时考证出"绿雪芽，今呼白毫，色香俱绝，而尤以鸿雪洞产者为最，性寒凉，功同犀角，为麻疹圣药"，远售国外，价与金埒。太姥山一片瓦寺（鸿雪洞旁）的僧人至今仍沿用古法制作绿雪芽（现已由丹井茶室阚居士打理），每年架梯到鸿雪洞顶采摘野生茶树的芽，晾晒成干茶后待客，成品如白毫银针。古白茶的诞生与福鼎民间流传的太姥娘娘之蓝姑传说不谋而合。太姥山周边的原住民和僧侣们，由于缺乏与外界的交流，仍执着地沿用晒干或阴干方式制茶自用，山民这种自制的土茶，俗称"畲泡茶""白茶婆"。

最早的茶叶制作方式与现在的白茶类似，白茶是最古老的茶类也是药食同源的典范，其制作工艺是茶叶制作的鼻祖，号称"茶叶活化石"。以上所引的史书文字记载虽然不多，但已能证实古白茶起源的悠久历史。

现代白茶

古代白茶没有严格的工艺要求，也没有自成体系，准确地应称其为白茶产生的雏形，而制法和品质更加系统的白茶是现代白茶。现代白茶的起源，不同品类的原产地各有不同。据林今团考证，现代白茶发源于建阳水吉，清朝乾隆三十七年至四十七年（1772—1782年），由建阳漳墩镇南坑茶农肖乌奴的高祖创制。当时是以当地菜茶幼嫩芽叶制作而成，史称"南坑白"，故又称"小白"或"白毫""南坑白"，属于贡眉的级别。自道光元年（1821年）后，发现水仙茶树品种，同治九年（1870年）水吉以大叶茶芽制"白毫银针"，并首创"白牡丹"。道光年间，建阳白毫茶开始远销甘肃等西北地区。同治七年（1868年）后建阳白茶大量销往马来西亚、印度尼西亚、越南、缅甸、泰国等国。

（二）白茶的分布

白茶的主要产地是福建的福鼎、政和，建阳、松溪、建瓯等地也有分布。白茶的优质原料主要源于政和、福鼎的高山区，这些产区不仅海拔高，而且生态环境优越，从而为白茶的生产奠定了良好的基础。

三、白茶树种

制作白茶的茶树品种有很多，但要制作传统意义上的白茶，则要求选用茸毛多、白毫显露、氨基酸等含氮化合物含量高的茶树，使制出的茶叶外表满披白毫，有毫香、滋味鲜爽。白茶最早是采摘菜茶鲜叶制作而成，之后才用福鼎大白、政和大白、福鼎大毫、福安大白、水仙等茶树品种来制作。

菜茶

菜茶是指种子繁育的茶树群体，有1000余年的栽培历史，由于长期用种子繁殖，加上自然变异，因而性状混杂，主产地为建阳、政和、福鼎。武夷菜茶是主要用来制作白茶的菜茶品种，在闽东和闽北白茶主产区都有种植。菜茶由于茶芽较弱小，一般用来制作贡眉、寿眉，少部分用来制作白牡丹，制成的白茶芽毫不够明显，毫香较弱，但甜爽度高，回甘明显。菜茶不易制作白毫银针，且产量低，经济效益较差，所以菜茶逐渐被芽头肥壮的大白品种所取代。

福鼎大白茶

福鼎大白茶又名福鼎白毫，无性繁殖系，在所有白茶产区均有种植，主产地为福鼎。原产于福建福鼎太姥山，1857年由柏柳乡陈焕移植家中繁殖成功，在今后100多年里被广泛种植。由于福鼎大白茶的茶叶产量不如福鼎大毫茶，而且芽叶也不如福鼎大毫茶肥厚，所以茶农更喜欢种植福鼎大毫茶。

福鼎大毫茶

福鼎大毫茶简称大毫，无性繁殖系，主产地为福鼎。由于发芽早，芽叶肥壮，产量大，在福鼎广泛种植，是制作白茶的主要品种，约占福鼎白茶产量的 70% 以上。原产于福鼎市点头镇汪家杨村，已有 100 多年的栽培历史。福鼎大毫茶所制白茶芽头肥壮、满披白毫、色白如银、毫香明显、滋味醇和爽甜，是制作白毫银针、白牡丹的优良树种。

福安大白茶

福安大白茶又称高岭大白茶，无性繁殖系，主产地为福安、政和、松溪。原产于福建省福安市康厝乡上高山村，主要分布在福建东部、北部地区。因其发芽较当地的政和白茶早，而且适合制红茶，所以在政和广泛种植。

政和大白茶

政和白茶又称政大，主产地为政和、松溪。原产于政和县铁山乡高仓头山。政和大白茶是晚生种，茶树发芽要比福鼎大毫茶和福安大白茶晚 10 天以上，这几年在政和种植面积逐渐减小。以其鲜叶制作出来的白茶外形肥壮、香气清鲜、滋味鲜爽甘醇，因而是制作白毫银针、白牡丹的优质原料。

水仙茶

水仙茶又名水吉水仙或武夷水仙，主产地为建阳。原产于福建省建阳县（现南平市建阳区）小湖乡大湖村，已有 100 余年栽培历史，由于品质优异，在福建各茶区普遍栽种，被广泛制成各种茶类。水仙所制白茶品质优异，一般用来制作白牡丹、贡眉。

四、白茶的功效

坚齿防龋

氟离子具有预防龋齿、增强骨骼坚韧度的功效，但氟含量太多会导致氟牙症。不同品种的茶叶含氟量存在较大的差异，品质较差的茶中氟离子会超标，不仅不能坚固牙齿、防止龋齿，反而不利于人体健康。有研究表明，白茶的含氟量最为适中，是所有茶类中最为理想的漱口茶。白茶能够坚齿防龋，具有促进牙周组织修复的功能，可清新口气、防龋和治疗牙龈炎。

治麻疹

陈年的白茶可作为患麻疹幼儿的退烧药，其退烧效果比抗生素更好，在中国华北及福建产地被广泛视为治疗麻疹患者的良药。故清代名人周亮工在《闽小记》中记载："白毫银针，产太姥山鸿雪洞，其性寒，功同犀角，是治麻疹之圣药。"

降火祛暑明目

白茶性寒凉，可以清热去火。饮用白茶可预防中暑，用来治热症，并且陈茶的治病能力优于新茶。白茶中还含有丰富的维生素 A 原，它被人体吸收后，能迅速转化为维生素 A，维生素 A 能合成视紫红质，能使眼睛在暗光下看东西更清楚，可预防夜盲症与眼干燥症。

抗衰老

有研究发现，6 种茶叶中均存在大量自由基，其中自由基存在最多的是黑茶，最少的是白茶；并且白茶特殊的加工工艺和较低的加工温度致使加工过程中自由基的含量不会增加，故白茶具有更好的抗衰老功效。此外，白茶中的氨基酸、生物碱和黄酮类物质等含量都比其他种类的茶要多，且影响衰老的自由基的含量要比其他茶类少，所以白茶比其他茶类有着更好的保健效果。

白茶中的茶多酚具有抗肿瘤、抗癌、抗突变、抗氧化、降血糖、降血脂、提高记忆力、抗过敏、抗紫外线辐射、美容美白、解毒的作用；儿茶素和生物碱有降血压的作用；茶多酚、茶色素等有效成分具有很强的灭菌、消毒和抵抗病毒的作用；生物碱和黄烷醇类可提神、抗疲劳、增强记忆力；白茶还具有保肝护肝、调节免疫、减肥等功效。

第二节　白茶加工的理论基础

萎凋是形成白茶品质的关键工序。鲜叶采摘后仍保持着生命活性，但同化作用停止。在相对恶化的环境下（萎凋），随着青叶水分的蒸发，青叶呼吸作用等异化作用增强，组织细胞膜半透性增强，从而使得在组织细胞没有受到损伤、破坏的情况下，青叶中的内含物缓慢地发生一系列水解、氧化反应。据研究发现，干物质相对含量在萎凋过程中总体呈下降趋势，一些小分子可溶性物质有所增加，如氨基酸因蛋白质分解作用而增加。而多酚类化合物经水解、氧化而含量减少，配比发生变化，如多酚类化合物经氧化形成有色物质，改变叶色；酯型儿茶素经水解生成非酯型儿茶素，可降低苦涩味。总之，萎凋阶段的失水和呼吸代谢会引起萎凋叶的一系列理化变化，如叶态因失水而萎缩，形体变小，叶缘垂卷；叶色因内含物的转化而由鲜绿转黛绿或墨绿；青臭气因低沸点、易挥发的精油成分的挥发而逐渐减少，香气成分生成，花香显露；呈味成分转化生成，各组分配比重新调整，由此使得白茶的色泽加深、香气增进、滋味怡人。

干燥是使白茶定型、固定茶叶品质的重要工序。萎凋后的青叶细胞多数仍保持着生命状态，叶内酶等还具有生物活性。为使内含物不再受酶的催化作用，在萎凋转化达到恰到好处时需要将萎凋叶进行干燥处理，有的直接在太阳下生晒，有的用热源烘干。这样会导致萎凋叶内的自由水大量散失，达到仓储的含水量（低于 7%，主要是结合水）。水分耗散的同时，叶内的低沸点、令人不悦的芳香物质继续散发，高沸点芳香物质逐渐生成；多酚类等物质以一定速度继续进行热氧化（非酶氧化）；在低温热源烘干下，叶内还原糖与氨基酸发生 Mallard 反应，生成具有甜香、烘烤香、烤肉味的成分，如糠醛等。这些反应使得白茶色泽进一步加深、香气继续增强、滋味更加怡人。

🫖 萎凋过程化学成分变化

萎凋是白茶加工的重要工序，其特点是历时时间长。萎凋方式、时间、环境是影响白茶品质的重要因素。在鲜叶萎凋过程中，随着水分散失，细胞膜的通透性增大，细胞中物质浓度变大，细胞液的酸度增加，氧化酶活性增强，叶绿素 a 含量减少，叶色呈现出橄榄色；此外，少量多酚类化合物的轻微氧化产物——茶黄素与蛋白质等结合形成沉淀，凝于叶中，并与脂溶性色素一起影响着白茶干茶及叶底灰绿、灰白的色泽。白茶鲜叶中的芳香成分多以糖苷形式（结合态）存在，鲜叶水解酶的活性随着萎凋进行呈曲线渐增，因此，在糖苷水解酶的作用下，水解释放出芳香成分，使得原本无气味的鲜叶产生青气、青香、清香乃至花香。

白茶萎凋过程中，在蛋白酶作用下，蛋白质水解加剧，生成具有甜味和鲜味的氨基酸，增加了白茶汤甘甜鲜爽的口感。鲜叶中氨基酸含量约 5.58mg/g，萎凋 12 小时后氨基酸含量增至约 8.14mg/g；萎凋中期，氨基酸含量因受多酚氧化中间产物的氧化而减少；萎凋后期，氨基酸含量又有所增加，可达 11.34mg/g。萎凋后期，叶内多酚类化合物氧化还原失去平衡，邻醌生成增加，氨基酸被邻醌所氧化、脱氨、脱羧，生成低沸点挥发性醇类和醛类化合物，为白茶嫩香、清香、毫香提供香气来源和先质，同时，氨基酸与邻醌结合而成的有色化合物对白茶汤色有着良好的影响。

🫖 干燥过程化学成分变化

干燥是白茶干茶定色的阶段，主要作用是固定品质、提升香气，并使含水率符合品质要求。干燥方式主要有烘干、晒干和风干三种。干燥过程，由于热作用，酶活性相对丧失，但是多酚在热作用下仍迅速地发生氧化缩合反应，生成的氧化产物与蛋白质结合，从而使得干茶灰白黄褐，且该氧化产物与蛋白质结合形成的产物不溶于水，因此使得白茶冲泡后的叶底色泽加深。干燥过程中，低沸点物质挥发，青气异味逐步散发，如顺式青叶醇等挥发或异构化形成反式青叶醇，使得青气变成青香。高沸点芳香物质有所保留并生成更多高沸点芳香物质，如高温干燥中因 Mallard 反应形成的熟甜香物质（如吡嗪衍生物等）有所增加，进一步增进白茶的香气。

在干燥的热化作用下，白茶中的多酚类加速进行热氧化反应，以儿茶素的氧化为最多，其中表没食子酸酯和表没食子儿茶素氧化为最多，从而使得形成氧化产物涩味较弱，茶汤的口感进一步趋于清醇不涩口。白茶在烘干过程中，萎凋叶中的还原性糖（如葡萄糖等）与氨基酸共热易发生 Mallard 反应，生成具有烘烤甜香的成分，这类成分不仅具有沁人的甜香，还有类似于面包、奶油等诱人的口感。由于白茶烘干的温度普遍较低，一般不发生糖的热焦化反应，使得茶汤焦糖味不如其他茶类显著，这也使得白茶比较清鲜淡爽。

第三节 白茶加工技术

白茶的制作工艺是最自然的，把采下的新鲜茶叶薄薄地摊放在竹席上，置于微弱的阳光下，或置于通风透光效果好的室内，让其自然萎凋。晾晒至七八成干时，再用文火慢慢烘干即可。由于制作过程简单，以最少的工序进行加工，因此，成品白茶的含水率一般不超过 7%。

一、传统白茶加工技术

白茶加工技术主要包括毛茶的初制和精制两个阶段，毛茶生产是主要的生产阶段，一般分为萎凋和干燥两道工序，其关键在于萎凋。萎凋分为室内自然萎凋、日光萎凋、加温萎凋和复式萎凋，实际生产中，需要根据生产时期原料等级和气候条件灵活掌握运用。在高温低湿、阳光强烈的天气，常选用自然萎凋方式；在春天温度较低的晴朗天气，可充分利用早晨和傍晚的阳光选择日光萎凋，并辅助室内自然萎凋；阴雨天气或低温高湿天气，需采用加温萎凋。生产好毛茶经过精制过程就可以作为成品茶进行销售，其精制工艺是在剔除梗片、蜡叶、红张、暗张之后，以文火进行烘焙至足干，以火香衬托茶香，待水分含量为4%~5%时，趁热装箱。

（一）初制工艺流程

自然萎凋加工工艺流程如下：

鲜叶→自然萎凋→干燥→毛茶

加温萎凋加工工艺流程如下：

鲜叶→加温萎凋→干燥→毛茶

复式萎凋加工工艺流程如下：

鲜叶→自然萎凋→加温萎凋→干燥→毛茶

 鲜叶原料要求

白毫银针原料为单芽以及一芽一叶的嫩芽连枝全采后的"抽针"，白牡丹的原料为一芽一、二叶，贡眉原料为一芽二、三叶，寿眉原料为一至三叶带驻芽嫩梢或叶片。

鲜叶验收和摊放

鲜叶进厂应分级验收，分别摊放，不同嫩度、不同品种的芽叶分开，晴天叶与雨（露）水叶分开，上午采的叶与下午采的叶分开。

鲜叶摊放环境应清洁卫生、通风、阴凉、防雾、防雨，避免日晒，贮运过程轻放轻翻。鲜叶应及时付制，不积压。

萎凋

（1）摊叶量　水筛摊叶量为0.1~0.13g/cm；萎凋帘摊叶厚2~3cm，0.06~0.08g/cm；萎凋槽摊叶厚20~25cm。

（2）萎凋温度　春茶自然萎凋的温度15~25℃，夏秋茶温度25~35℃；加温萎凋室内温度25~35℃。

（3）萎凋时间　自然萎凋宜控制在 36~50 小时；加温萎凋和复式萎凋宜控制在 30~40 小时。

（4）萎凋程度　萎凋叶含水率达 20% 以下为适度，可适时烘干。

 干燥

干燥温度平稳，防止忽高忽低；干燥次数为 2~3 次，温度 ≤ 100℃；烘干后白毫银针毛茶含水率在 8% 以下，白牡丹、贡眉和寿眉毛茶含水率在 8%~9%。

（二）精制工艺流程

毛茶→拣剔→拼配→匀堆→复烘→包装→成品

 拣剔

应按级别进行拣剔，动作宜轻以防芽叶断碎。白毫银针拣去红变、焦红、暗红、发黑的银针，以及绽开芽、叶片和各种夹杂物。

（1）高级白牡丹　要求拣去蜡叶、黄叶、红张叶、粗老叶、梗片及非茶类夹杂物；中级白牡丹拣去蜡叶、黄叶、粗老叶、梗片及非茶类夹杂物；低级白牡丹拣去梗片和非茶类夹杂物。

（2）高级贡眉　要求拣去蜡叶、黄叶、红张叶、粗老叶及非茶类夹杂物；中级贡眉拣去蜡叶、黄叶及非茶类夹杂物；低级贡眉和寿眉拣去非茶类夹杂物。

 拼配

经品质鉴定的各堆号茶，应按级（批）、按堆、按号放置，注明标志后，每号扦取 500~1000g 小样待拼。以本批加工的各堆号、各筛号茶为主，结合其他批上升、下降后符合本批质量要求的各堆号、各筛号茶进行拼配。

对按比例拼配的样品，先取 500g 样品置烘干箱内，120℃干燥 15 分钟，再取 150g 左右对照标准样，对各项品质因子的高、低或匀称进行调整，达到符合标准样后按比例拼堆；对于不能拼入本级的堆号茶待后处理。

 匀堆

按半成品匀堆比例进行匀堆，数量大的堆号茶分两次错开进堆，做到各堆号茶的上、中段茶分散均匀一致。

复烘

白毫银针复烘温度为80~85℃，白牡丹复烘温度为90~110℃，贡眉和寿眉复烘温度为100~130℃。复烘时间10~15分钟，烘至含水率5%~6%。

 包装

复烘后的茶叶需趁热包装，要求动作轻柔，用"三倒三摇"法、分层抖动，不得重压。

二、新工艺白茶加工技术

新工艺白茶是在传统白茶工艺中加入轻揉捻环节，选用一芽二、三叶茶青制作而成，其成品茶外形叶张略有缩褶，呈半卷条形，色泽暗绿略带褐色。新白茶对鲜叶的原料要求同白牡丹一样，一般采用福鼎大白茶、福鼎大毫茶茶树品种的芽叶加工而成，原料嫩度要求相对较低。这种茶清香味浓，汤色橙红；叶底展开后可见其色泽青灰带黄，筋脉带红；茶汤味似绿茶但无清香，又似红茶而无酵感；其基本特征是浓醇清甘，具有闽北乌龙的"馥郁"。新工艺白茶加工工艺流程如下：

萎凋→堆积→轻揉→干燥→拣剔→过筛→打堆→烘焙→装箱

在初制时，原料鲜叶先萎凋，然后进行堆积（回水）开堆，而后迅速进入轻度揉捻，再经过干燥工艺，使其外形叶张略有缩褶，呈半卷条形，色泽暗绿略带褐色。

三、金花白茶加工技术

金花白茶是在传统白茶的基础上加入了"发花"工艺，它是将白毫银针、白牡丹、贡眉、寿眉等传统白茶处理后放入特殊的"发花车间"，在近乎严苛的条件下，通过精密的"发花"工艺制作而成。作为白茶产品中的又一创新品种，金花白茶提高了茶叶中的生物活性，改善了白茶中的粗老味。研究表明，冠突散囊菌的生长繁殖不仅降低了白茶中茶多酚和氨基酸总量，还显著提高了生物碱和黄酮总量。此外，"发花"还能够降低酯型儿茶素的含量，从而缓解茶叶苦涩味。金花白茶加工工艺流程如下：

白茶装料→白茶气蒸→接种→发酵→干燥

🫖 白茶装料

将按照传统白茶生产工艺处理得到的白茶，经过粉碎机粉碎后的茶末（颗粒100μm大小）置于100L固体发酵罐中，装料体积为发酵罐容积的80%。

🫖 白茶气蒸

蒸汽灭菌，升温至110℃蒸20分钟，灭菌过程中固体发酵罐转速为200r/min。

🫖 接种

用纯净水制备浓度为1%的白茶茶汁，在茶汁中加入浓度为6%的蔗糖，高压灭菌制备接种液。在无菌操作环境下，用制备好的接种液调整冠突散囊菌的浓度为1×10个/mL，均匀加入上一步骤灭过菌的白茶，使白茶的含水量控制在80%，接菌过程中保持固体发酵罐转速为200r/min。

🫖 发酵

保持茶叶含水量在80%，发花温度为30℃，湿度80%，自下而上通气，固体发酵罐转速为200r/min。发酵过程中随时观察发酵情况，并根据发酵情况调整温度、湿度、转速，发花时间为6天。

🫖 干燥

发酵完毕的金花白茶经分筛、压制成型后，移至无异味的常温干燥器内负压干燥，当茶中水分含量 < 10%时，即可包装成茶包或制成保健品。

四、紧压白茶加工技术

紧压白茶是以白茶（白毫银针、白牡丹、贡眉、寿眉）为原料，经整理、拼配、蒸压定型、干燥等工序制成的产品。白茶散茶称重后装入布袋，通过蒸汽熏蒸变软，对布袋中的散茶整形后放在液压机上进行压制，压制时间一般根据需要保持在1分钟左右，压制好的茶叶放入烘烤设备中干燥到足干即可作为成品茶销售。紧压白茶加工工艺流程如下：

原料整理→拼配→称量→蒸压→定型→干燥→成品→包装

 **原料整理**

对加工生产原料进行评审，确定原料级别。在定级的基础上，把原料分成等级堆、品种堆，便于拼配选料。

 拼配

选择各等级原料拼配匀堆。

 称量

根据不同产品规格准确称取原料。

 蒸压、定型

蒸茶的蒸汽温度宜保持在 100~120℃。蒸茶时间为紧压白毫银针 15~20 秒，紧压白牡丹和紧压贡眉 10~15 秒，紧压寿眉 20~35 秒。待蒸汽冒出茶面，茶叶变软时即可压制；压力 30~50kg，保压时间为紧压白毫银针 40~60 秒，紧压白牡丹和紧压贡眉 20~60 秒，紧压寿眉 80~140 秒。

 干燥

干燥温度宜 40~60℃；干燥时间宜 24~70 小时；含水量应 ≤ 8%。

第四节　白茶品质检验

一、传统白茶品质检验

（一）感官品质检验

传统感官审评是茶叶品质鉴定中最常用的方法，通过审评人员的视觉、触觉、嗅觉、味觉等感官判别能力，对茶叶的外形、汤色、香气、滋味、叶底等进行综合性的评价。该方法能全面、快速且较为准确地反映茶叶的风味品质，在实践应用中被茶叶从业者所认可。白毫银针、白牡丹、贡眉、寿眉感官品质具体步骤根据 GB/T 23776—2018《茶叶感官审评方法》的规定执行。

🫖 白毫银针感官品质

（1）特级白毫银针

外形：芽针肥壮、茸毛厚；匀齐、洁净；银灰白、富有光泽。

内质：香气清纯、毫香显露；滋味清鲜醇爽、毫味足；汤色浅杏黄、清澈明亮；叶底肥壮、软嫩、明亮。

（2）一级白毫银针

外形：芽针秀长，茸毛略薄；较匀齐、洁净；银灰白。

内质：香气清纯、毫香显；滋味鲜醇爽、毫味足显；嫩匀明亮。

🫖 白牡丹感官品质

（1）特级白牡丹

外形：毫心多肥壮、叶背多茸毛；匀整、洁净；灰绿润。

内质：香气鲜嫩、纯爽毫香显；滋味清甜醇爽、毫味足；汤色黄、清澈；叶底芽心多，叶张肥嫩明亮。

（2）一级白牡丹

外形：毫心较显、尚壮、叶张嫩；尚匀整、较洁净；灰绿尚润。

内质：香气尚鲜嫩、纯爽、有毫香；滋味较清甜、醇爽；汤色尚黄、清澈；叶底芽心较多，叶张嫩，尚明。

（3）二级白牡丹

外形：毫心尚显、叶张尚嫩；尚匀、含少量黄绿片；尚灰绿。

内质：香气浓醇、略有毫香；滋味尚清甜、醇厚；汤色橙黄；叶底有芽心、叶张尚嫩、稍有红张。

（4）三级白牡丹

外形：叶缘略卷、有平展叶、破张叶；欠匀、稍加黄叶腊叶；灰绿稍暗。

内质：香气尚浓醇；滋味尚厚；汤色尚橙黄；叶底叶张尚软有破张、红张稍多。

🫖 贡眉感官品质

（1）特级贡眉

外形：叶态卷、有毫心；匀整、洁净；灰绿或墨绿。

内质：香气鲜嫩、有毫香；滋味清甜醇爽；汤色橙黄；叶底有芽尖、叶张嫩亮。

（2）一级贡眉

外形：叶态尚卷、毫尖尚显；较匀、较洁净；尚灰绿。

内质：香气鲜纯、有嫩香；滋味醇厚尚爽；汤色尚橙黄；叶底稍有芽尖、叶张软尚亮。

（3）二级贡眉

外形：叶态略卷稍展、有破张；夹黄片铁板片少量蜡片、灰绿稍暗夹红。

内质：香气浓纯；滋味浓厚；汤色深黄；叶底叶张较粗、稍摊、有红张。

（4）三级贡眉

外形：叶张平展、破张多；欠匀、含鱼叶蜡片较多；灰黄夹红稍藏。

内质：香气浓、尚粗；滋味厚、稍粗；汤色深黄微红；叶底叶张粗杂、红张多。

🫖 寿眉感官品质

（1）一级寿眉

外形：叶态尚紧卷；较匀、较洁净；尚灰绿。

内质：香气纯；滋味醇厚尚爽；汤色尚橙黄；叶底稍有芽尖、叶张软尚亮。

（2）二级寿眉

外形：叶态略卷稍展、有破张；尚匀、夹黄片铁板片少量蜡片；灰绿稍暗、夹红。

内质：香气浓纯；滋味浓厚；汤色深黄；叶底叶张较粗、稍摊、有红张。

（二）理化指标检验

传统白茶理化指标总结见表3-1。

表3-1 传统白茶理化指标

项目	白毫银针	白牡丹	贡眉	寿眉
水分 /%（质量分数）≤	8.5	8.5	8.5	8.5
总灰分 /%（质量分数）≤	6.5	6.5	6.5	6.5

续表

项目	白毫银针	白牡丹	贡眉	寿眉
粉末 /%（质量分数）≤	—	1.0	1.0	1.0
水浸出物 /%（质量分数）≥	30.0	30.0	30.0	30.0

试样的制备按照 GB/T 8303—2013 规定，水分检验按照 GB 5009.3—2016 规定，总灰分检验按照 GB 5009.4—2016 规定，粉末检验按照 GB/T 8311—2013 规定，水浸出物检验按照 GB/T 8305—2013 规定。

二、紧压白茶品质检验

（一）感官品质检验

紧压白茶感官品质检验标准同上。

紧压白毫银针感官品质

外形：端正匀称、松紧适度，表面平整、无脱层、不洒面；色泽灰白，显毫。

内质：香气清纯、毫香显；滋味浓醇、毫味显；汤色杏黄明亮；叶底肥厚软嫩。

紧压白牡丹感官品质

外形：端正匀称、松紧适度，表面较平整、无脱层、不洒面；色泽灰绿或灰黄，带毫。

内质：香气浓纯、有毫香；滋味醇厚、有毫味；汤色橙黄明亮；叶底软嫩。

紧压贡眉感官品质

外形：端正匀称、松紧适度，表面较平整；色泽灰黄夹红。
内质：香气浓纯；滋味浓厚；汤色深黄或微红；叶底软尚嫩、带红张。

紧压寿眉感官品质

外形：端正匀称、松紧适度，表面较平整；色泽灰褐。

内质：香气浓、尚粗；滋味厚、尚粗；汤色深黄或泛红；叶底略粗、有破张、带泛红叶。

（二）理化指标检验

紧压白茶理化指标总结见表 3-2。

表 3-2　紧压白茶理化指标

项目	紧压白毫银针	紧压白牡丹	紧压贡眉	紧压寿眉
水分 /%（质量分数）≤	8.5	8.5	8.5	8.5
总灰分 /%（质量分数）≤	6.5	6.5	6.5	7.0
茶梗 /%（质量分数）≤	不得检出	不得检出	2.0	4.0
水浸出物 /%（质量分数）≥	36.0	34.0	34.0	32.0

注：茶梗指木质化的茶树麻梗、红梗、白梗，不包括节间嫩茎。

其中，水分、总灰分、水浸出物检验标准同上，茶梗检验按照 GB/T 9833.1—2013《紧压茶　第 1 部分：花砖茶》附录 A 的规定。

第五节　经典白茶

白毫银针

白毫银针简称银针，又叫白毫，也称银针白毫，属芽形品种白茶。据《福建地方志》等记载，清嘉庆初年（1796 年），白茶创制于福建福鼎县，其始系采自"菜茶"群体茶树的芽头加工而成。清咸丰七年（1857 年），福鼎选育出大白茶良种后，于光绪十一年（1885 年）开始以福鼎大白茶芽制银针，称"大白"。出口价高于原菜茶制的银针（后称土针）10 多倍。约在 1860 年后就停止生产"土针"。政和县在清光绪五年（1880 年）选育出政和大白茶品种，1889 年开始产制银针。白毫银针在

1891 年就已有外销。1886 年前后，在福鼎县与政和县，先后改用福鼎大白茶和政和大白茶的肥壮芽头加工成银针。现多采摘自清明节前10~15 天，以芽壮毫多的福鼎大毫、政和大白、福安（福鼎）大白等茶树品种的一芽一叶鲜叶，经"抽针"摘取的"全芽"加工而成。产区主要分布于福鼎与政和的部分乡镇。

白毫银针是白茶的代表品种，色、香、味、形俱佳，以头轮采摘茶芽制作品质最佳，且其产量有限，极其珍贵。白毫银针分为特级、一级、二级，茶如其名，芽头肥壮，身骨重实，满披白毫，色泽鲜白光亮，闪烁如银，外形圆紧匀直，芽长近寸，条长挺直，毫峰毕露，针梗翠绿，洁白似银钩，纤细若绣针，柔嫩如雀舌，素有茶中"美女""茶王"之美称，有"银装素裹"之美感。银针冲泡玻璃杯中，亭亭玉立、翩然浮动、上下翻腾，相叠交错、生机盎然；由于茶芽慢慢下沉时仍挺立水中，世人比喻为"正直之心"。内质香气鲜爽毫味浓，滋味鲜爽微甜，汤色杏黄明亮，轻轻啜饮，令人心旷神怡，淡雅醇香，毫香幽显，具有极高的观赏价值及保健价值。

白牡丹

白牡丹为福建特产，建阳水吉于同治十三年（1874 年）前后首先创制，1922 年以后，政和县开始产制白牡丹，成为白牡丹主产区。20 世纪 60 年代初，松溪县曾一度盛产白牡丹。现产区分布于政和、建阳、福鼎、松溪等县市。

白牡丹采摘自清明节后到谷雨前，由政和大白茶、福鼎大白茶及水仙等优良茶树品种的一芽一、二叶制作而成，是白茶中的"娇子"，因两叶抱一芽，绿叶夹银白色，毫心肥壮，叶张肥嫩并波纹隆起，叶缘微向叶背垂卷，芽叶连枝，叶片抱心形似花朵，冲泡后绿叶托着嫩芽，宛如牡丹蓓蕾初放，恬淡高雅，故得白牡丹之美名。白牡丹分为特级、一级、二级和三级，因其叶背白毫银亮，绿面白底，亦有"青天白地"之称。由于长时间的萎凋，叶色渐变而呈"绿叶红筋"，故有"红装素裹"之誉。白牡丹戏称为白茶中的舞娘，实则白茶中的上乘佳品，色泽深灰绿或暗青苔色，内质毫香显，味鲜醇，外形叶张肥嫩，毫心肥壮，叶态伸展，芽叶连枝，叶缘垂卷，破张少、匀整。汤色清澈呈杏黄，味鲜醇清甜清新，叶底浅灰，叶脉微红，叶质柔软鲜亮。

贡眉

贡眉有时又被称为寿眉，是白茶中产量最高的一个品种，创制时间与白牡丹相近。主产区为福建的建阳、福鼎、政和、松溪、建瓯等地，其产量占到白茶总产量的一半以上。它是采用菜茶一芽二、三叶嫩梢制成的白茶，这种用菜茶芽叶制成的毛茶称为"小白"；采用福鼎大白茶或政和大白茶树的芽叶为原料加工的贡眉称为"大白"。以前，菜茶的茶芽曾经被用来制造白

毫银针等品种，但后来则改用"大白"来制作白毫银针和白牡丹，而小白就用来制造贡眉了。

贡眉茶外形毫心多较肥壮，叶张稍肥嫩，芽叶连枝，叶整紧卷如眉，匀整、破张少、灰绿或墨绿、色泽调和、洁净、无老梗、蜡叶。内质香气清纯，毫香显，汤色浅橙黄、清澈，滋味清甜醇爽，叶底柔软、嫩亮、毫芽多。贡眉分特级、一级、二级、三级，产品特征为优质的贡眉成品茶毫心明显，茸毫色白且多，干茶色泽翠绿，冲泡后汤色呈橙黄色或深黄色；叶底匀整、柔软、鲜亮，叶片迎光看去可透视出主脉的红色；品饮时感觉滋味醇爽，香气鲜纯。

寿眉

寿眉产量最大、采摘期最长；从白牡丹采摘期之后的整个春季，再到秋季的白露时节，采自茶树新梢的一芽三、四叶制作而成，清明至谷雨前是寿眉茶采摘的黄金季节，创制时间与白牡丹相近。主产区为福建的政和、建阳、福鼎、松溪、建瓯、浦城等地。寿眉的产量可以占整个白茶的一半以上，所以价格相对银针和白牡丹比较低，是销量最高的白茶，而且寿眉是所有白茶中，唯一带梗的，这也造就了寿眉独特的口感和香型。

寿眉成茶不带毫芽，色泽灰绿或带褐色带黄，香气低带青色，滋味醇浓，汤色呈淡杏绿，叶底黄绿粗杂。寿眉原料含有较多纤维和半纤维物质，制成的当年寿眉口感粗淡，表现不佳，经过长期存放的老寿眉口感醇厚回甘，枣香明显，宜泡宜煮，由于原料粗老和长期存放，富含黄酮和复合多糖，有明显的抗氧化功效，降血糖和降血脂功效也非常显著。

金花白茶

金花白茶的主产地为福建福鼎，以精选上等陈年白茶为原料，在白茶传统生产工艺上引入金花。金花内含450多种对人体有益的成分，能有效抑制其他有害菌的生长。

金花可以降低人工"发花"白茶饼中呈苦涩味的化合物含量，从而达到减少白茶饼苦涩味的效果；灭菌压制过程也能达到这种效果。"发花"对白茶风味的影响主要体现在香气由鲜爽青涩转向陈香且青涩味消退，具有典型的菌花香。从叶底来看，白牡丹"发花"后，叶底较为软烂，叶形不完整；寿眉发花后仍能保持较为完整的叶形，叶质柔软但不软烂。从滋味来看，发花白牡丹菌花香较轻，青涩味有一定减轻，但仍有青涩味，白茶原味的气味较为显著；发花寿眉具有较为显著的菌花香，滋味陈醇，无明显涩味，白茶味不明显。金花白茶外形可见金花囊体，颗粒金黄艳丽；具有"菌花香"，汤色呈琥珀色，冲泡后口感醇厚、顺滑。

福建雪芽

福建雪芽又称白雪芽，产于福建省福安县，是福建省农科院茶叶研究所郭吉春于1989年研制的一种白茶专利产品，并于1989年获农业部优秀农产品称号和福建省名茶一等奖。1993年"白茶福建雪芽生产方法"获国家发明专利授权，20世纪90年代少量出口到香港。

鲜叶以一芽初展为标准，用科学的加工方法加工而成。外形介于白毫银针与高级白牡丹之间，芽多芽壮，白毫密披、色银白带绿，芽叶连枝、新颖美观，香气清高鲜爽，毫香显，滋味鲜醇爽口，汤色淡绿或黄绿、明亮，叶底匀嫩明亮。泡入杯中，犹如鲜花朵朵，品饮时给人以美的享受。

仙台大白

仙台大白采自江西上饶大面白茶树良种，该茶原产于江西上饶上泸洪水坑一带，这里群山峻立，高耸入云，山间云雾缭绕，自然景观奇异，素有"八仙台"之称，故取名"仙台大白"。仙台大白茶创制于20世纪80年代初期，1984年正式投入批量生产。

鲜叶采摘标准，特级为一芽一叶初展，要求箬芽叶，风伤，咬芽、开心、空心芽，病、紫芽八不采。鲜叶经萎凋、干燥、拣剔、包装等工序加工而成。成品茶品质特征：外形芽叶肥壮，白毫满披，呈银白色，有光泽，叶片灰绿，叶缘隆起微向背卷，芽叶连枝；内质汤色清澈，香气清鲜，滋味甜醇，叶底绿面白底，叶脉微红。其特级近似白毫银针，芽壮毫显，色白如银；内质汤色清亮，香气清高持久，叶底银白、完整。

参考文献

李建国.白茶新语［M］.北京：文化发展出版社，2018.

欧阳明秋，傅海峰，朱晨，等.白茶保健功效研究进展［J］.亚热带农业研究，2019，15（1）：66-72.

杨丰.政和白茶［M］.2版.北京：中国农业出版社，2017.

汤鸣绍.中国白茶的起源、品质成分与保健功效［J］.福建茶叶，2015，37（2）：45-50.

白茶加工

第四章
黄茶加工

黄茶是我国的特产，最早出现于中唐时期，由绿茶工艺演变而来，是我国传统的六大类茶之一。主要产区在湖南、湖北、四川、安徽、浙江和广东等省。黄茶的基本加工工艺为杀青、揉捻、闷黄、干燥，在制法上与绿茶相似，不同之处在于黄茶加工过程中增加了闷黄工艺，从而使其品质与绿茶有明显差异，具有独特的"三黄"品质（干茶黄、汤色黄、叶底黄），被茶叶专家推荐为最适宜饮用的茶类。黄茶性凉，适合疲倦困乏者、牙齿敏感、高血压、高血脂人群饮用，缺铁性贫血者、神经衰弱者、泌尿系结石者、肝功能不良者、便秘者、心脏病者、醉酒者、哺乳期妇女等人群都是不可饮用黄茶的。

第一节　黄茶简介

一、黄茶及其分类

（一）黄茶的概念

GB/T 21726—2018《黄茶》规定，黄茶（yellow tea）是以茶树[*Camellia sinensis*（Linnaeus.）O. Kuntze]的芽、叶、嫩茎为原料，经摊青、杀青、揉捻（做形）、闷黄、干燥、精制或蒸压成型的特定工艺制成的产品，具有黄叶黄汤、香气清悦、滋味醇厚的品质特征。根据鲜叶原料和加工工艺的不同，分为芽型（单芽或一芽一叶初展）、芽叶型（一芽一叶、二芽一叶初展）、多叶型（一芽多叶和对夹叶）和紧压型（采用上述原料经蒸压成型）四种产品。

（二）黄茶的分类

🫖 按原料嫩度分类

黄茶分为黄芽茶、黄小茶和黄大茶。

（1）黄芽茶 有君山银针、蒙顶黄芽、莫干黄芽等。其中君山银针外形芽头肥硕，满披白毫，色金黄闪银光，誉为"金镶玉"；内质汤色杏黄，香清鲜，味甘鲜，冲泡后杯中芽头能三起三落，具有较高的欣赏价值。蒙顶黄芽外形肥嫩多毫，色金黄；内质汤色黄中带碧，香味鲜爽带熟板栗香。

（2）黄小茶 有沩山毛尖、北港毛尖、远安鹿苑、平阳黄汤等，都是由一芽一、二叶初展鲜叶加工而成。其中远安鹿苑与北港毛尖的外形条索紧直略弯、显毫、色泽金黄；内质汤色杏黄香幽味醇。平阳黄汤外形细紧显毫、色泽嫩黄；内质汤色金黄，香清幽，味醇爽，叶底嫩绿成朵。沩山毛尖外形叶缘卷呈片块状，多毫、色金黄，俗称"寸黄金"；内质汤色橙黄，嫩香带烟香。

（3）黄大茶 有皖西黄大茶、广东大叶青等。皖西黄大茶以一芽三、四叶加工而成，叶肥梗壮，梗叶相连成条，色泽金黄，有锅巴香，味浓耐泡。广东大叶青由大叶种一芽三、四叶加工而成，外形肥壮紧结显毫，色泽青褐泛黄；内质汤色橙黄，香味浓醇。

🫖 按鲜叶原料和加工工艺分类

黄茶分为芽型（单芽或一芽一叶初展）、芽叶型（一芽一叶或一芽二叶初展）、多叶型（一芽多叶或对夹叶）和紧压型（采用上述原料经蒸压成型）四种。

🫖 按闷黄工序的先后分类

黄茶分为杀青后闷黄、揉捻后闷黄和毛火后闷黄三类。杀青后闷黄的黄茶包括沩山毛尖、蒙顶黄芽、莫干黄芽、北港毛尖、台湾黄茶；揉捻后闷黄的黄茶包括君山银针；毛火后闷黄的黄茶有黄大茶。

🫖 按毛尖形状分类

黄茶分为针形（君山银针）、雀舌形（霍山黄芽）、卷曲形（鹿苑毛尖）、扁直形（蒙顶黄芽）、尖形（沩山毛尖）、条形（北港毛尖）、钩形（黄大茶）等。

二、黄茶的历史及其分布

（一）黄茶的历史

黄茶的出现，一开始是由于人们认识到有部分茶叶的鲜叶叶色偏黄，于是以"黄"称之。作为一种较古老的茶类，黄茶最早的记载出自唐朝李肇的《唐国史补》："寿州有霍山黄芽、蕲州有蕲门团黄，而浮梁商货不在焉。"唐太宗大历十四年（公元779年）曾记载"淮西节度使李希烈赠宦官邵光超黄茶200斤"，这说明早在中唐时期，黄茶就已经生产。而关于黄茶的产生，据推测可能是从绿茶制法掌握不当演变而来。绿汤绿叶是绿茶的品质特征，当绿茶加工工艺掌握不当，如蒸汽杀青时间过长，炒青杀青温度过低，或杀青后未及时摊凉，或揉捻后未及时烘干、炒干，堆积过久等，都会使叶质变黄，产生黄叶黄汤，类似黄茶。明代许次纾在《茶疏》（1597年）中也记载了黄茶演变的历史："顾彼山中不善制法，就于食铛火薪焙炒，未及出釜，业已焦枯，讵堪用哉。兼以竹造巨笥，乘热便贮，虽有绿枝紫笋，辄就萎黄，仅供下食，奚堪品斗。"由此可知黄茶产生的过程。

随着黄茶生产的发展，黄茶加工技术也在不断革新。如君山银针在清代有"尖茶"和"蔸茶"之分，茶叶采摘后要进行"拣尖"，把芽头和叶片分开。芽头如箭的称尖茶，白毛茸然，纳作贡品，又称"贡尖"；拣尖后剩下的叶片叫蔸茶，又称"贡蔸"，色黑少毛，不作贡品。此法一直延续到1952年，从1953年开始省去"拣尖"程序，按一定标准直接从茶树上采下芽头。后来人们渐渐认识到茶叶的闷黄现象，大多是因茶叶杀青后不及时揉捻或者揉捻后不及时烘干造成的。1952年前，黄茶的加工只闷黄一次，历时两昼夜，干茶外形欠黄，香气较低；1953年以后，闷黄分两次进行，干茶效果较好。

（二）黄茶的分布

茶树具有喜温暖、好湿润的特性，原生长在热带地区，所以世界上绝大多数茶区位于亚热带和热带气候区域，分布于南纬33°以北和北纬49°以南的五大洲上，而最适合茶树生长的纬度区间为南纬16°至北纬20°。黄茶是我国独有的茶类，主要产于湖南、湖北、四川、安徽、浙江和广东等省，其他省份也有少量生产，湖南岳阳为中国黄茶之乡。

三、黄茶的功效

促消化

黄茶是沤茶，在沤的过程中，会产生大量的消化酶，它们能直接作用于人类的脾胃，调节胃酸分泌，提高脾胃消化能力，缓解消化不良、食欲不振、懒动肥胖等症状。另外，黄茶性质略寒，对人类的胃热也有一定的缓解作用。

预防食道癌

黄茶中含有多种对人体有益的营养成分，特别是茶多酚、氨基酸，以及可溶糖和维生素等营养物质的含量比较高，这些物质既能提高身体各组织功能，还能抑制组织细胞癌变和多种致癌物质的生成，对食道癌有明显的预防作用。

抗氧化

研究表明，黄茶中多酚类和甲基黄嘌呤类物质含量丰富，其多酚含量高于乌龙茶、红茶等，具有较强的抗氧化能力。

黄茶鲜叶中的天然物质能保留 85% 以上，这些物质对防癌、抗癌、杀菌、消炎均有特殊效果。此外，黄茶中含有一些天然的纳米活性成分，这些成分进入人体以后，可以快速穿透脂肪细胞，能让脂肪细胞在消化酶的作用下分解代谢排出体外，将脂肪化除。

第二节　黄茶加工的理论基础

黄茶的加工工艺包括摊放、杀青、揉捻、闷黄、干燥等。其中闷黄工序是黄茶加工特有的，区别于其他茶类。黄茶的鲜叶原料、采摘标准、加工工艺因各地区、种类不同而有所不同，黄茶中各种内含物质形成其特有的风味特征，但在加工过程中，内含物质生化成分的种类、含量以及它们之间相互比例的变化都会影响黄茶品质。

🫖 摊放过程化学成分变化

适度摊放在黄茶加工中有着不可忽视的作用。鲜叶适度的摊放过程增加了氨基酸、茶多酚和水浸出物含量，并有效降低了酚氨比值，使茶汤滋味醇和爽口，因此摊放有利于形成黄茶香气高、滋味醇的品质特点。在对山东黄茶加工工艺的研究中发现，未经摊放处理的黄茶黄变不充分，香气较低，有涩味；而经摊放处理的黄茶色泽、香气、滋味均较好。广东大叶青在杀青前进行轻度萎凋，可以使大叶青显著形成香气纯正、滋味浓醇回甜的品质风味。

杀青过程化学成分变化

杀青是黄茶品质形成的基础，对黄茶外形和内质起到关键性作用。通过高温破坏多酚氧化酶的活性，阻止多酚类物质酶促氧化反应，以防止叶子变红，同时降低茶叶的含水量，茶叶变软为茶叶做形创造条件，散发青草气，例如青叶醛等低沸点香气物质，对黄茶香味形成具有重要作用。

杀青过程中，在高温和热化学作用下，蛋白质水解为氨基酸，淀粉水解为单糖，多酚类化合物发生自动氧化和异构化等，为形成黄茶色泽黄色和滋味浓醇奠定基础。其中，叶绿素含量在高温环境下急剧减少，受到较多破坏。在研究黄大茶制造中叶绿素含量变化时发现，叶绿素总量中有60%受到破坏，其中杀青过程破坏最多，其含量减少了15.34%。叶绿素脱镁后形成脱镁叶绿素，呈现褐色，影响茶叶色泽；水解后生成叶绿酸、叶绿醇等化合物进入茶汤，影响茶汤颜色。茶树内黄色色素的主体成分是胡萝卜素，在杀青和闷黄的过程中，类胡萝卜素会有所降解，有助于茶叶形成良好的香气。

揉捻过程化学成分变化

揉捻是非黄茶加工过程中必不可少的工艺。所有黄芽茶及部分黄小茶不进行揉捻，如君山银针、蒙顶黄芽加工过程中不揉捻，而北港毛尖、鹿苑毛尖、霍山黄芽也没有独立的揉捻工序，只在杀青后期于锅内轻揉。在研究山东黄茶加工工艺时发现，揉捻程度和闷黄时间对黄茶品质影响较大，其次是摊放和杀青方式，而干燥方式对黄茶色泽、滋味的影响较少，炒青会使干茶色泽稍暗，但不会影响汤色和叶底。揉捻可以促进黄茶黄变，但重揉处理会提高叶细胞破碎率，增加茶汁渗出量，从而加速多酚类物质氧化，加快叶绿素的脱镁反应，使干茶色泽变暗变深，汤色变浓，亮度下降。

闷黄过程化学成分变化

闷黄是黄茶特有的加工工序，也是其品质形成的关键步骤，对黄茶的黄汤、黄叶及醇厚鲜爽滋味品质的形成至关重要。闷黄工艺受产地、在制叶含水率及闷黄时间、环境温湿度及供氧量等参数影响。黄茶的闷黄有湿坯闷黄和干坯闷黄两种。研究发现，干茶色泽随着闷黄时间的延长而绿色减退，黄色显露，闷黄至5小时后，汤色由黄绿变成浅黄明亮，滋味鲜醇爽口，略带清香。

氨基酸是构成茶汤鲜味的物质基础，黄茶与绿茶中氨基酸含量差异不明显，以茶氨酸、谷氨酸含量最多，闷黄过程对氨基酸总量影响不大。在研究焖黄工艺对黄茶滋味的影响时发现，与同级别的绿茶相比，儿茶素总量略低于绿茶，但其组分差别很大，表没食子儿茶素没食子酸酯（EGCG）和表儿茶素没食子酸酯（ECG）总量比绿茶低9.43%，这证实了闷黄工艺有利于减少酯型儿茶素的含量，并且黄茶氨基酸含量略高于绿茶，因而酚氨比小于绿茶，滋味更醇和。黄茶中水溶性多酚类化合物含量与红茶、绿茶相比，低于绿茶而高于红茶，说明黄茶的氧化程度不及红茶，而比绿茶要大。

可溶性蛋白质在闷黄过程中缓慢下降；具有甜味的可溶性糖在闷黄过程中略有增加；水浸出物在闷黄过程中明显降低，闷黄6小时后在制品的水浸出物只为杀青叶的88.64%；同时，一些水溶性色素，如花黄素类、花青素类也发生了一定变化，湿热作用使其部分水解氧化、异构化及非酶性自动氧化，生成少量的茶黄素。在黄茶加工中生物碱的化学性质比较稳定，在闷黄的条件下不发生氧化作用，不升华损失，故在闷黄过程中其总量变化很小，增减幅度在1.89%~5.71%之间。

🫖 干燥过程化学成分变化

干燥是形成黄茶香味的重要过程。黄茶干燥方式有烘干和炒干两种，干燥时的温度要比其他茶类低，且有先低后高的变化趋势。这使水分散失速度减慢，在湿热条件下，边干燥，边闷黄。首先闷黄后的叶子，在较低温度下烘炒，以便水分缓慢蒸发，干燥均匀，并使多酚类自动氧化减慢，叶绿素以及其他物质在湿热作用下缓慢转化，促进黄汤黄叶进一步形成。然后用较高温度烘炒，固定已形成的黄茶品质，同时在干热作用下，酯型儿茶素受热分解为简单儿茶素和没食子酸，增加黄茶醇和口感；糖转化为焦糖香，氨基酸转化为挥发性醛类物质，低沸点的青叶醇大量挥发，残余部分发生异构化，转化为清香物质，同时高沸点的芳香物质香气显露，构成黄茶浓郁的香气和浓醇的滋味。

第三节　黄茶加工技术

黄茶的工艺主要由绿茶工艺发展而形成，其基本工艺流程为杀青、揉捻（非必需）、闷黄、干燥。杀青、干燥等工序均与绿茶制法相似，揉捻不是黄茶必不可少的工艺过程。君山银针、蒙顶黄芽不揉捻，北港毛尖、鹿苑毛尖、霍山黄芽只在杀青后期在锅内轻揉，也没有独立的揉捻工序。闷黄是指将杀青叶趁热堆积，使茶坯在湿热或干热条件下发生一系列非酶促热化学反应，它是黄茶加工所独有的工序，也是同绿茶的根本区别，更是形成黄茶独特品质的关键工序。而适度摊放在黄茶加工中有不可忽略的作用，摊放与萎凋不同，摊放时间比萎凋时间短，否则不利于后续工序的进行。制成的黄茶含水率要求在 7% 以下。

一、传统黄茶加工技术

黄茶鲜叶根据原料嫩度，经杀青→揉捻（做形）→闷黄→干燥等工艺制成的黄芽茶、黄小茶、黄大茶，具有黄汤黄叶的品质特征。

（一）黄芽茶加工技术

黄芽茶原料细嫩、采摘单芽或一芽一叶加工而成。主要包括湖南岳阳洞庭湖君山的"君山银针"，四川雅安名山区的"蒙顶黄芽"和安徽霍山的"霍山黄芽"。黄芽茶加工工艺流程如下：

鲜叶摊放→杀青→做形→摊凉→初烘→闷黄→复烘→堆放→足火

 **鲜叶摊放**

鲜叶进厂后，根据鲜叶含水量、天气等情况薄摊，散发青草气和表面水分，待芽叶发出清香即可。

 杀青

杀青温度 120~130℃，炒至芽叶柔软，叶色深绿，青气散尽，含水量至 55%~60%。

做形

锅温 110~130℃，采用往复式理条机理条或芒花把在锅内进行拨、挑、翻，或手搓条，整理至茶芽挺直略扁，芽叶并拢，发出清香，含水量至 45%~50%。

摊凉

做形后及时摊凉，使茶坯水分分布均匀，摊凉时间 20~30 分钟。

初烘

初烘温度 100~110℃，主要是散失水分以提升叶温，烘至茶叶稍有刺手感，含水量至 40%~45%。

闷黄

初烘后的茶叶趁热闷黄，直至叶色嫩茎微黄，花香显露，闷黄的环境为温度 30~35℃，空气相对湿度 75%~80%，时间 8~10 小时。

复烘

复烘温度 85~95℃，茶叶烘焙厚度 2.5~3.5cm，时间 8~15 分钟，烘至含水量 10%~15%。

堆放

堆放是霍山黄芽黄色黄汤品质形成的延伸，自然堆放厚度 28~32cm，时间 2~3 天，至茶色为微黄润泽。

足火

温度在 60~70℃，烘至手捻茶叶成末，茶香浓郁，色泽黄或金黄，含水率在 6% 以下。

（二）黄小茶加工技术

黄小茶是采摘细嫩芽叶加工而成。主要包括湖南岳阳的"北港毛尖"，湖南宁乡的"沩山白毛尖"，湖北远安的"远安鹿苑"，安徽的"皖西黄小茶"和浙江温州、平阳一带的"平阳黄汤"。黄小茶加工工艺流程如下：

鲜叶摊放→杀青→揉捻→初烘→闷黄→干燥

鲜叶摊放

鲜叶进厂后，根据天气、鲜叶含水量等情况薄摊，散发青草气和表面水分，待芽叶发出清香即可。

杀青

杀青温度130~150℃，炒至叶质柔软，叶色暗绿，清香显露，含水量至55%~60%。

揉捻

采用手工揉捻或45型揉捻机揉捻，至茶叶成条率在90%以上。

初烘

初烘温度110~120℃，烘至茶叶稍有刺手感，含水量至40%~45%。

闷黄

初烘后的茶叶趁热闷黄，直至叶色嫩茎微黄，香气显露。闷黄的环境温度30~35℃，空气相对湿度75%~80%，时间20~30小时。

干燥

干燥温度85~95℃，烘至含水量10%~15%时，摊凉30~40分钟，待茶叶冷却后即可复火。复火温度70~80℃，烘至茶叶手捻成末，茶香浓郁，含水量在6%以下。

（三）黄大茶加工技术

黄大茶是采摘一芽二、三叶，甚至一芽四、五叶为原料制作而成。主要包括安徽的"皖西黄大茶"，安徽金寨、霍山、六安、岳西和湖北英山所产的"黄大茶"和广东韶关、肇庆、湛江等地的"广东大叶青"。黄大茶的加工工艺包括传统制法和机械制法两种，具体加工工艺流程分别如下：

传统制法

鲜叶摊放→杀青→揉捻（或做形）→初烘→闷黄→干燥

基本工艺及用具：分生锅、二青锅、熟锅三个阶段。炒茶锅用普通二型锅，砌成三锅相连的炒茶灶，锅倾斜呈25°~30°。炒茶扫帚系用竹丝扎成。

（1）鲜叶摊放　同黄芽茶摊放工艺。

（2）杀青（生锅）　锅温180~200℃，投叶量250~500g。炒3~5分钟，叶质柔软，叶色暗绿，即可扫入第二锅内。

（3）做形（二青锅和熟锅）　二青锅锅温150~170℃，炒法与生锅基本相同，起揉条作用。当茶叶炒至成团时，就要松把，将炒把夹带的茶叶甩出，抖散团块，松把后再炒转，当茶叶炒至皱叠成条，茶汁溢出，有黏手感，即可扫入熟锅。熟锅则进一步做成紧茶条，锅温130~150℃，方法与二锅基本相同，旋转搓揉，使叶子吞吐在竹丝炒把间，谓之"钻把子"。待炒至条索紧结，发出茶香，含水量在45%~55%时，即可出锅。

（4）初烘　用烘笼烘焙，温度应控制在110~120℃，每隔2~3分钟翻烘一次。烘至有刺手感，折之梗断皮连，含水量至30%~40%。

（5）闷黄　初烘叶趁热堆闷，堆放厚度95~105cm，在烘房内堆闷5~7天，至叶色变黄。

（6）足烘　堆积变黄后拣剔老叶杂物，进行足火。足火可分拉小火和拉老火两个阶段。拉小火温度控制在130~140℃，每烘投叶量10kg，隔5~7分钟翻拌一次，烘至含水量10%~15%，下烘摊晾3~5小时，待茶叶冷却后再拉老火。拉老火温度150~160℃，每烘投叶量12~13kg，时间40~60分钟。烘时要做到匀翻、勤翻、轻翻。烘至足干，茶梗折之即断，茶叶手捻即成粉末，梗心起泡呈菊花状、金黄色、梗有光泽，并发出浓烈的高火香，茶叶上霜，含水量在6%以下。

机械制法

鲜叶摊放→杀青→揉捻→解块→初烘（毛火）→闷黄→
复滚（拉小火）→足烘（拉老火）

（1）鲜叶摊放　进厂鲜叶及时摊放，至叶色稍暗绿，含水量72%~74%时即可杀青。

（2）杀青　采用70型或80型滚筒杀青机，温度290~310℃，至叶梗变软，散发青香，含水量至55%~60%。

（3）揉捻　采用55型或65型茶叶揉捻机，在揉捻过程中，采取"轻-重-轻"原则，揉捻至成条率75%~80%，握叶子有黏手感，叶团不散。

（4）解块　采用解块机或振动槽进行解块，至团块解散。

（5）初烘（毛火）　采用 80 型连续滚筒或 120 型炒干机，温度 180℃。滚筒滚烘时间 3~5 分钟，或炒干机炒烘时间 10~15 分钟。烘至含水量 30%~40%。

（6）闷黄　初烘叶趁热堆闷，空气相对湿度 75%~80%，自然堆放厚度 95~105cm，堆闷 5~7 天，至叶色变黄。

（7）复滚（拉小火）　采用 80 型连续滚筒或 120 型炒干机，温度 150~170℃，滚筒滚烘时间 3~5 分钟，或炒干机炒烘时间 10~15 分钟。烘至含水量 10%~15%，下烘摊凉 30~40 分钟，待茶叶冷却后再拉老火。

（8）足烘（拉老火）　温度 190~210℃，滚至足干，茶梗折之即断，茶叶手捻即成粉末，梗心起泡呈菊花状、金黄色、梗有光泽，并发出浓烈的高火香，茶叶上霜，含水量在 6% 以下。

二、岳阳黄茶加工技术

岳阳黄茶指以适制黄茶的鲜叶为原料，经杀青、闷黄、干燥等工艺加工制成的，具有"独特酵花香，汤色杏黄明亮，滋味醇和甘甜"的黄茶。根据鲜叶原料和加工工艺的不同，分为岳阳君山银针、岳阳黄芽、岳阳黄叶和岳阳紧压黄茶共四种产品。

（一）岳阳君山银针、针形岳阳黄芽加工技术

岳阳君山银针是由早春茶树单芽制成的，用开水冲泡后茶芽可竖立杯中的针形岳阳黄茶。岳阳君山银针加工工艺流程如下：

原料准备→摊青→杀青→摊放→初烘→初包→复烘→复包→足火

 **原料准备**

岳阳君山银针原料为早春茶树粗壮单芽，清明节前直接采摘茶树芽头。要求芽头肥壮重实，长 25~30mm，宽 3~4mm，芽柄长 2~3mm。针形岳阳黄芽原料为茶树单芽。

摊青

将茶芽薄摊于筛网或萎凋槽上，摊叶厚度 4~5cm，时间 4~6 小时，中途翻动 1~2 次。

杀青

杀青工具为铁锅，锅温 120~130℃，后期 100~110℃，时间 4~5 分钟，待茶芽色泽暗绿、芽蒂折不断、柔软、清香散发时出锅。

摊放

将杀青后的茶芽扫入茶盘，轻轻翻动几次，均匀抖洒满盘，置清凉处，时间 2~3 分钟；同时清除杂质、碎片。

初烘

茶芽摊凉后，置于焙笼中用炭火烘焙。盘内温度 50~60℃，每 2~3 分钟翻动一次，烘至茶叶含水量 50% 左右，取出后在盘中摊凉。

初包

茶芽用双层皮纸包裹，每 1000~1500g 一包，置于枫木箱或无异味的铁桶内封盖。放置 48 小时左右，芽色橙黄为适度。

复烘

置于焙笼中用炭火烘焙，烘盘温度 45℃ 左右，烘至茶叶含水量 35% 左右，取出后在盘中摊凉。

复包

用双层皮纸包好，置于密封箱中。经 24 小时，待茶芽金黄均匀、香气浓郁为适度。

足火

置于焙笼中用炭火烘焙，烘盘温度 50℃ 左右，茶叶量 500g，烘至茶叶含水量不超过 7%。

（二）岳阳黄芽、岳阳黄叶加工技术

岳阳黄芽是由茶树单芽或一芽一叶初展原料制成的岳阳黄茶。岳阳黄叶是由茶树一芽二叶到一芽多叶或对夹叶原料制成的岳阳黄茶。其加工工艺流程如下：

鲜叶准备→摊青→摇青→杀青→初次闷黄→揉捻→初烘→复闷黄→干燥

 鲜叶准备

岳阳黄芽原料为茶树单芽或一芽一叶；岳阳黄叶原料为茶树一芽二叶到一芽多叶或对夹叶。

 摊青

将选好的新鲜茶叶原料均匀摊置于竹席、竹盘或帘架式贮青和摊放设备上，摊叶厚度为 4.5cm 左右，摊叶量为 4.0kg/m 左右，摊青温度控制在 25℃左右；待新叶含水量自然蒸发至 72%~75%，且叶片由脆硬变得柔软，叶色由鲜绿转变为暗绿，失去光泽，第一、二叶明显下垂，顶叶和梢头弯垂，嫩梗折弯不脆断即可。

 摇青

适用于一芽三叶以上的原料。将经过摊青处理后的茶叶进行 3~5 次摇青，每次摇青用力要均匀，转数控制在 20~25r/min，每次摇 1 分钟左右，每次摇青后用簸箕摊开静置还青 0.5 小时再进行下一次摇青；待茶叶原料触摸柔软有湿手感，叶色由青转暗绿，叶表出现红点，且青气消退、香气显露即可结束摇青工序。

 杀青

采用滚筒式杀青机，杀青锅温为 280~300℃，杀青至茶叶含水率 50%~60% 为适度。

 初次闷黄

采用闷黄机或木箱闷黄，闷黄温度控制在 32℃左右，时间为 1~3 小时，幼嫩芽叶少闷，粗老茶叶多闷。

 揉捻

将初闷后的茶叶投至揉捻机中揉 30~60 分钟，待茶叶成条率达 70%~90% 即可。

初烘

揉捻叶采用烘干机烘干，进风温度 90~100℃，至茶叶含水率 30% 左右为适度。

复闷黄

初烘后的茶叶，采用闷黄机或其他闷黄设备，至叶色全部转黄，时间 20~40 小时。

干燥

采用机械烘（炒）干，分低温长烘（炒）（70~80℃）或高温短烘（炒）（100~110℃）两种，烘（炒）至茶坯含水率 7.0% 以下。

（三）岳阳紧压黄茶加工技术

岳阳紧压黄茶是采用岳阳黄芽或岳阳黄叶经蒸压定型的岳阳黄茶。其加工工艺流程如下：

毛茶整理→拼配匀堆→称量→蒸压定型→干燥

毛茶整理

应用拣剔、筛分、风选、色选等技术或技术组合，去除各种非茶类夹杂物，根据产品质量要求对岳阳黄芽或岳阳黄叶毛茶进行整理、分级、归堆。

拼配匀堆

经整理后的茶叶，根据单级付制，进行打堆拼配，采用人工或机械匀堆，使茶叶混合均匀，品质一致。

称量

采用人工或自动称量。

蒸压定型

将称量好的茶叶放置在蒸茶器具中，利用蒸汽将茶叶蒸软后，倒入模具中进行压制成型，定型后冷却。

干燥

根据紧压茶的重量和形状，在烘房中烘至茶叶含水率 9% 以下。

（四）紧压金花黄茶加工技术

紧压金花黄茶是采用岳阳黄芽或岳阳黄叶经蒸压、发花、干燥等工序加工而成的一种岳阳紧压黄茶。其加工工艺流程如下：

原料精选拼配→称茶→加茶汁→搅拌→蒸茶→装模筑砖→
退模冷却→发花干燥→出烘

 原料精选拼配

选用岳阳黄芽或岳阳黄叶的毛茶进行精选，去片末，然后匀堆拼配。

称茶

根据所加工的砖片质量，将拼配好的黄茶原料称好备用。

加茶汁

向称好备用的茶叶中加入事先准备好的茶汁；春、夏季半成品原料加茶汁水为 10%~12%，以每片茶砖的重量计算，砖片的进烘含水量控制在 24%~26%；秋、冬季半成品原料加茶汁水为 12%~14%，砖片进烘含水量控制在 26%~28%；所有半成品原料要保证水分适度，有利于金花的生长。茶汁是由茶果、茶叶熬制而成，具体熬制方法：将 1kg 茶叶、0.5kg 茶果放入布袋扎好，放入 50L 水中，用蒸汽冲至 100℃，熬制 15~20 分钟备用即可。

搅拌

对加入茶汁的原料进行充分的搅拌，使原料的湿度保持一致。

蒸茶

将搅拌好的茶叶装入蒸茶筒内，采用蒸汽发生器产生的蒸汽蒸茶；蒸茶压力为 3~4kg，蒸茶时间控制在 2~4 秒内，要求把茶叶蒸软蒸透。

装模筑砖

待称好重量的纸袋及模具中装有 1/3 蒸料，即蒸后的茶叶时，开始交替逐步筑紧茶叶，直至将茶叶筑平纸袋；根据茶叶砖片的重量、嫩度、粗细来确定砖片的松紧度，茶叶的松紧度应适当，砖片的密度控制在0.65~0.75mm 之间。

🫖 退模冷却

将筑好的茶砖模具封好砖口，打开模具，取出茶砖，用麻绳将四边捆好；自然冷却后进烘房。

🫖 发花干燥

在烘房期间里，分为两个时期——发花期和干燥期。1~12 天为发花期，13~22 天为干燥期；发花期的温度控制在 24~28℃，湿度控制在 65%~80%；干燥期温度从 31℃开始上升，最高不超过 42℃ ；在烘房顶部开设天窗，当烘房湿度大于 90% 时要及时打开窗户或者天窗排湿，或者采用抽湿机排湿，排湿时间控制在每天中午之前；砖片进入烘房后 8 天左右，第一次检查"发花"情况，看孢子的色泽、颗粒的大小来判断"发花"是否成功；第二次检查在进烘后 13 天，检查"金花"是否普遍茂盛，再确定是否转入干燥阶段。

🫖 出烘

干燥结束后，对烘房里的茶砖进行水分测定，如果茶砖的水分在 9% 以下，即可出烘；如果水分过高，则需要继续烘干，直到水分降到 9% 以下；出烘时要轻拿轻放，整齐地摆放在摊凉架上面，冷却。

第四节　黄茶品质检验

茶叶品质的好坏主要取决于两个方面：一是鲜叶内含物质的组成；二是合理的制茶技术。鲜叶是形成茶叶品质的物理因素，制茶技术则是形成茶叶品质的条件因素，合理的制茶技术能使有限的制茶原料获得较好的制茶品质，让鲜叶发挥较大的经济价值。茶叶通过品质检验可以区分各种茶之间不同，目前茶叶常见的品质检验有感官品质、理化指标等。

一、传统黄茶品质检验

（一）感官品质检验

黄茶感官评价采用"通用型茶叶感官审评方法"。黄茶的外形因品种和加工技术不同而存在明显差异。评净度，需要比对梗、片、末及非茶类夹杂物含量；评色泽，需要比对黄色的润枯、鲜暗等，以金黄色鲜润为优，色枯为差。评内质，香气以清悦为优，有闷浊气为差；滋味以醇和鲜爽、回甘、收敛性弱为好，苦涩淡、闷为次；汤色以黄汤明亮为优，黄暗或黄浊为次；叶底以芽叶肥壮、匀整、黄色鲜亮的为好，芽叶瘦薄黄暗的为次。忌芽叶断碎、红梗红叶、生青叶、焦斑叶、泥滑叶等。根据鲜叶原料和加工工艺不同，对芽型（单芽或一芽一叶初展）、芽叶型（一芽一叶或一芽二叶初展）、多叶型（一芽多叶或对夹叶）和紧压型黄茶进行感官品质评价，评价结果如下。

🫖 芽型黄茶感官品质

外形：针形或雀舌形、匀齐、净、色泽嫩滑。
内质：香气清新、滋味鲜醇回甘、汤色杏黄明亮、叶底肥嫩黄亮。

🫖 芽叶型黄茶感官品质

外形：条形或扁形或兰花形、较匀齐、净、色泽黄青。
内质：香气清高、滋味醇厚回甘、汤色黄明亮、叶底柔嫩黄亮。

🫖 多叶型黄茶感官品质

外形：卷尚松、尚匀、有茎梗、色泽黄褐。
内质：香气纯正、有锅巴香、滋味醇和、汤色深黄明亮、叶底尚软黄、尚亮、有茎梗。

🫖 紧压型黄茶感官品质

外形：规整、紧实、色泽褐黄。
内质：香气纯正、滋味醇和、汤色深黄、叶底尚匀。

（二）理化指标检验

黄茶理化指标总结见表4-1。

表 4-1　黄茶理化指标

项目	芽型	芽叶型	多叶型	紧压型
水分 /%（质量分数）≤	6.5	6.5	7.0	9.0
总灰分 /%（质量分数）≤	7.0	7.0	7.5	7.5
碎茶和粉末 /%（质量分数）≤	2.0	3.0	6.0	—
水浸出物 /%（质量分数）≥	32.0	32.0	32.0	32.0

二、岳阳黄茶品质检验

（一）感官品质检验

岳阳黄茶依据原料嫩度和感官品质，岳阳君山银针和岳阳黄芽分为特级、一级；岳阳黄叶和岳阳紧压黄茶（包括紧压金花黄茶）分为特级、一级、二级。

岳阳君山银针感官品质

（1）特级岳阳君山银针

外形：针形，芽头饱满，肥壮，金毫显露；匀齐、净、色泽黄润。

内质：香气清鲜持久、滋味鲜醇回甘、汤色杏黄明亮、叶底嫩黄明亮，开水冲泡 5 分钟后，有 90% 以上的芽头竖立在玻璃杯中。

（2）一级岳阳君山银针

外形：针形，芽头较饱满，有金毫；较匀齐、净、色泽黄较润。

内质：香气清香较持久、滋味鲜醇回甘、汤色绿黄较亮、叶底绿黄较亮，开水冲泡 5 分钟后，有 70% 以上的芽头竖立在玻璃杯中。

岳阳黄芽感官品质

（1）特级岳阳黄芽

外形：芽头饱满，肥壮；匀齐、净、色泽绿黄润。

内质：香气清高、滋味醇厚回甘、汤色绿黄明亮、叶底肥壮，匀整，绿黄亮。

（2）一级岳阳黄芽

外形：芽头饱满，较肥壮；较匀齐、净、色泽黄较润。

内质：香气清高、滋味醇厚回甘、汤色绿黄较亮、叶底较肥壮，较匀整，绿黄较亮。

🫖 岳阳黄叶感官品质

（1）特级岳阳黄叶

外形：条索紧细；较匀齐、较净、色泽绿黄较亮。

内质：香气清香，较高长；滋味醇厚较爽、汤色绿黄较亮、叶底尚软，尚匀整，绿黄较亮。

（2）一级岳阳黄叶

外形：条索紧结；尚匀整、尚净、色泽黄较亮。

内质：香气清香，尚高长；滋味醇厚、汤色黄较亮、叶底尚匀，绿黄尚亮，有嫩梗。

（3）二级岳阳黄叶

外形：条索尚紧结；欠匀整、尚净、色泽黄尚亮。

内质：香气尚纯正、滋味醇和、汤色黄尚亮、叶底欠匀，黄褐尚亮，有嫩梗。

🫖 岳阳紧压黄茶感官品质

（1）特级岳阳紧压黄茶

外形：规整、棱角分明，较紧实、色泽黄或褐黄。

内质：香气纯正、滋味醇厚、汤色黄较亮、叶底较匀。

（2）一级岳阳紧压黄茶

外形：较规整，较紧实、色泽黄或褐黄。

内质：香气纯正、滋味醇和、汤色黄尚亮、叶底尚匀。

（3）二级岳阳紧压黄茶

外形：尚规整、尚紧实、色泽黄或褐黄。

内质：香气尚纯正、滋味纯和、汤色黄尚亮、叶底欠匀。

🫖 紧压金花黄茶感官品质

（1）特级紧压金花黄茶

外形：规整，棱角分明，内部发花茂盛，无杂霉菌；尚紧实、色泽黄或褐黄。

内质：香气纯正、滋味醇厚，无涩味；汤色橙黄较亮、叶底较匀。

（2）一级紧压金花黄茶

外形：较规整，棱角分明，内部发花普遍，无杂霉菌；尚紧实、色泽黄或褐黄。

内质：香气纯正、滋味醇和，无涩味；汤色橙黄尚亮、叶底尚匀。

（3）二级紧压金花黄茶

外形：尚规整，棱角分明，内部可见金花，无杂霉菌；尚紧实、色泽黄或褐黄。

内质：香气纯正、滋味醇和，无涩味；汤色橙黄尚亮、叶底欠匀。

（二）理化指标检验

岳阳黄茶理化指标总结见表4-2。

表4-2　岳阳黄茶理化指标

项目	岳阳君山银针	岳阳黄芽	岳阳黄叶	岳阳紧压黄茶、紧压金花黄茶
水分 /%（质量分数）≤	7.0	7.0	7.0	9.0
总灰分 /%（质量分数）≤	7.0	7.0	7.5	7.5
碎茶和粉末 /%（质量分数）≤	2.0	3.0	7.0	—
水浸出物 /%（质量分数）≥	32.0	32.0	32.0	32.0

注：紧压金花黄茶还要求冠突散囊菌（CFU/g）$\geqslant 20 \times 10^4$。

第五节　经典黄茶

君山银针

君山银针是黄芽茶之极品，原产地为湖南省洞庭湖君山，发展地为岳阳市。君山又名洞庭山，为洞庭湖中岛屿。岛上土壤肥沃，气候湿润，春、夏季湖水蒸发，云雾弥漫，岛上树木丛生，自然环境适宜茶树生长。君山产茶始于唐代，在清代（1781年）被列入"贡茶"，每岁贡十八斤。1956年，君山银针参加了德国莱比锡博

览会，获得"金镶玉"的美称和金质奖章。早在 20 世纪 50 年代即被茶叶界公认为中国十大名茶之一。

君山银针的原料选用肥壮重实的芽头，长 25~30mm，宽 3~4mm；芽蒂长 2mm，芽头包含 3 片以上的叶子。君山银针全由未展开的肥嫩芽头制成，外形芽头肥壮挺直，匀齐，满披茸毛，色泽金黄光亮，因茶芽外形像一根根银针，故名君山银针。内质香气清鲜，汤色浅黄，滋味甜爽，冲泡后芽尖冲向水面，悬空竖立，继而徐徐下沉杯底，如群笋出土，似金枪直立，汤色茶影，交相辉映，极为美观，形成"三起三落"的景观。

蒙顶黄芽

蒙顶黄芽产于四川雅安市蒙顶山。蒙山冬无严寒，夏无酷暑，四季分明，雨量充沛，茶园土层深厚,pH 为 4.5~5.6，蒙山上有天幕（云雾）覆盖，下有精气（沃壤）滋养，是茶树生长的好地方。蒙山产茶的历史十分悠久，有史料佐证，蒙顶茶栽培始于西汉时期，距今已有2000 年历史。蒙顶茶自唐至明清，都是有名的贡茶，1949 年后曾被评为全国十大名茶。

每年春分时节开始采制蒙顶黄茶，选择肥壮的芽头一芽一叶初展，经杀青、处包、复炒等八道工序制成。四川蒙顶黄芽被誉为"茶仙"，早在唐代即为贡茶，外形扁直，芽条匀整，色泽嫩黄，芽毫显露，甜香浓郁，汤色黄亮透碧，滋味鲜醇回甘，叶底全芽嫩黄。

莫干黄芽

莫干黄芽产于浙江省德清县莫干山，属现代名优黄茶。莫干山是闻名遐迩的避暑胜地，被誉为"清凉世界"。莫干山产茶历史悠久，相传在晋代佛教盛行时就有僧侣上山结庐种茶，唐代陆羽在《茶经》中也给予了该茶很高的评价。1979 年，由浙江大学茶叶系张堂恒、庄晚芳与德清县有关部门共同创制了"莫干黄芽"黄茶。莫干黄芽外形紧细，匀齐，略勾曲，芽状毫显，色泽嫩黄油润；内质香气嫩香持久，汤色橙黄明亮，滋味醇爽可口，叶底嫩黄成朵，属莫干云雾茶的上品。

霍山黄芽

霍山黄芽亦属黄芽茶的珍品。产于安徽省霍山县佛子岭水库上游的大化坪、姚家畈、太阳河一带，其中以大化坪的金鸡山、金山头、太阳河的金竹坪、姚家畈的乌米尖，即"三金一乌"所产的黄芽品质最佳，为中国名茶之一。自西汉时期霍山县就已开始种植茶树，明代时期，霍山黄芽被列为贡品，在 2006 年成为国家地理标志保护产品。霍山黄芽唐代为蒸青团茶，以茶树上幼嫩的黄色芽叶制成，到宋代以后，贡茶全部改为散茶，霍山黄芽从杀青、毛火后采取闷黄，由于市场变化，现改为绿茶，取消了闷黄过程。

霍山黄芽采摘标准，以一芽一叶和一芽二叶初展为主，不采病虫芽、紫芽、霜冻芽、对口叶，要求鲜叶细嫩新鲜，一般当天采芽当天制作，分杀青、初烘、摊放、复烘、足烘五道工序，在摊放和复烘后，使其回潮变黄。霍山黄芽外形条直微展，匀齐成朵、形似雀舌、嫩绿披毫，香气清香持久，滋味鲜醇浓厚回甘，汤色黄绿，清澈明亮，叶底嫩黄明亮。

远安鹿苑

远安鹿苑茶，别称鹿苑茶、鹿苑毛尖，属芽叶型黄茶，已有 700 余年历史，因产于湖北省远安县鹿苑寺一带而得名。唐代陆羽《茶经》中记载："该茶起初为鹿苑寺僧在寺侧栽植，后村民见茶香味浓，遂有发展。"清乾隆年间被列为"贡茶"。乾隆帝饮后顿觉清香扑鼻，精神倍振，食欲大增，即封鹿苑茶为"好淫茶"。清光绪九年（公元 1883 年），高僧金田来鹿苑巡寺讲座，品茶题诗曰："山精石液品超群，一种馨香满面熏。不但清心明目好，参禅能伏睡魔军。"1949 年后，鹿苑茶发展迅速，曾多次被湖北省、商业部评为省及全国名茶。

鹿苑茶自清明前后 15 天，采摘一芽一、二叶，要求鲜、嫩、匀、净。远安鹿苑茶干茶色泽金黄，白毫显露，且因后期干燥温度较高，会形成典型的"鱼子泡"；条索呈圆环状，俗称"环子脚"；内质汤色绿黄明亮，清香持久，有熟板栗香，味醇厚甘凉，叶底嫩黄匀整。

北港毛尖

北港毛尖产于岳阳县康王乡的北港，唐代称"湖茶"。据《巴陵县志》称："淄湖诸山旧出茶，味极甘香，非他处草茶可比也。"北港发源于梅溪、建设、黄金，全长 2km 多，因位于康王南港北面而得名。南港和北港汇合于乔湖，湖边曾有五个淄庙，庙前一湖，现名杨家湖，传说就是淄湖。北港和淄湖为北港毛尖提供了得天独厚的自然环境，气候温和，雨量充沛。每逢初春清晨，湖面蒸汽冉冉上升，在低空缭绕，经微风吹拂，如轻纱薄雾尽散于北岸的茶园上空。

北港毛尖一般在清明后5~6天开采，鲜叶标准为一芽二、三叶，选晴天采摘，不采虫伤叶、紫色叶、鱼叶不带蒂，嫩度分特号、1~4号五个档次。北港毛尖外形呈金黄色，毫尖显露；内质汤色橙黄，香气清高，滋味醇厚，叶底芽壮叶肥。

沩山毛尖

沩山毛尖产于湖南省宁乡县西的沩山，与老茶区安化县接壤，商品销甘肃、新疆等地。相传创于唐代，距今1000余年。沩山毛尖颇受祖国边疆人民喜爱，被视为礼茶之珍品。其制作分杀青、闷黄、轻揉、烘焙、拣剔、熏烟六道工序，烟气为一般茶叶所忌，更不必说是名优茶。沩山毛尖外形叶缘微卷成条块状，色泽嫩黄油润，身披白毫；内质香气有浓厚的松烟香，汤色杏黄明亮，滋味甜醇爽口；叶底芽叶肥厚；黄亮嫩匀。而悦鼻的松烟香，却是沩山毛尖品质的特点。

平阳黄汤

平阳黄汤是中国四大传统黄茶之一，主要产于浙江省南雁荡山及飞云江两岸的平阳、苍南、泰顺、瑞安、永嘉等地。品质以平阳北港（南雁荡山区）和泰顺东溪所产为最好，因处于温州地区，过去也称温州黄汤，以平阳产量最多，质量较好，故又称平阳黄汤。《唐书·食货志》中记载："浙产茶十州五十五县，有永嘉、安固、横阳、乐城四县名。"虽然当时未出现"黄汤"之名，但平阳黄汤的加工工艺已经初具雏形。平阳黄汤始于清代乾隆、嘉庆年间，已有200多年的历史，多次获评金奖，已列入农产品地理标志名录。

高级黄汤多以索茶供应上市，普通黄汤茶大多窨制成茉莉花茶，故又称"黄花汤"。平阳黄汤条索紧结匀整，锋毫显露，色泽嫩黄油润；内质香高久持，汤色橙黄明亮，滋味醇和鲜爽，叶底匀整、黄明亮，芽叶成朵。

皖西黄大茶

皖西黄大茶产于安徽省西部大别山区的霍山、金寨、六安、岳西及湖北省英山等地，其中以霍山县佛子岭水库上游大化坪、漫水河及诸佛庵等地所产的黄大茶品质最佳，干茶色泽自然，呈金黄，香高、味浓、耐泡。皖西黄大茶起源于明代，创制于隆庆年间，距今有400多年历史。皖西黄大茶外形叶大梗长，叶片成条，梗叶相连似钓鱼钩，色泽金黄显褐，油润；内质香气有突出的高爽焦香，似锅巴香，汤色深黄明亮，滋味浓厚醇和，耐冲泡，叶底黄亮显褐。

广州大叶青

大叶青茶是广东的特产，制法是先萎凋，后杀青，再揉捻闷堆，这与其他黄茶不同。主要产区位于广东韶关、肇庆、湛江等地，属于黄茶，是黄大茶的代表品种之一。广东大叶青茶外形条索肥壮，身骨重实，老嫩均匀，叶张完整，芽毫明显，色泽青润带黄或青褐色；内质香气纯正，汤色深黄明亮，滋味浓醇回甘，叶底浅黄色，芽叶完整。

贵州海马宫茶

贵州海马宫茶产于贵州省大方县老鹰岩脚下的海马宫乡。在清代乾隆年间已列为贡茶，誉满全国。产地三面临山，一面通向河谷，海拔高达1500m左右，山高雾浓，溪水纵横，年平均气温13℃左右，全年有效积温4670℃，无霜期260天，年平均降雨量1000~1200mm，月平均相对湿度80%以上，为贵州省较寒冷的高湿茶区。然而茶园三面环山，构成了一道天然屏障，阻挡了寒冷空气的侵袭，再加上境内植被茂密，因此形成独特气候条件。海马宫茶茶园土壤质地为砂页岩，土质疏松，钾元素含量丰富，达127mg/kg，pH为4.6~4.9，非常适宜茶树生长。

该茶采于当地中、小群体品种，具有茸毛，有嫩性强的特性。谷雨前后开采。采摘标准：一级茶为一芽一叶初展；二级茶为一芽二叶，三级茶为一芽三叶。海马宫茶属黄茶类名茶，具有条索紧结卷曲，茸毛显露，青高味醇，回味甘甜，汤色黄绿明亮，叶底嫩黄、匀整、明亮的特点。

建德苞茶

建德苞茶又称严州苞茶，产于浙江省建德市梅城附近的山岭中及三都的深山峡谷内。清光绪年间，黄芽茶畅销，商人在梅城仿制，后见茶体为花苞之形，遂改名为苞茶。到 20 世纪 30 年代，该茶年产量均在 20t 左右，销往杭州、上海、汉口、营口及天津等大、中城市。

建德苞茶分顶苞和次苞两种。顶苞为一芽叶，特别幼嫩；次苞嫩叶稍展，为一芽二叶。苞茶采摘时往往将鱼叶和蒂头一起采，加工成的干茶，芽叶色泽黄绿，鱼叶呈金黄色，蒂头顶端呈微红色，苞裹芽间，这是苞茶品质的重要特征。苞茶的传统加工包括杀青、堆闷、初烘、复烘等工序。近年来，产区对苞茶的加工工艺做了一些改进，在杀青后取消堆闷，改为揉捻理条、初烘、轻炒整形、复烘足干等工序，将原来的黄茶类改为半烘炒的绿茶类。成品茶品质特征为外形芽叶成朵，茶芽满披茸毫，并带金黄鱼片和红蒂头，色泽黄绿；内质冲泡杯中，叶柄朝下，芽头朝上，浮沉杯中犹如天女散花。汤色橙黄，香气清幽，滋味鲜醇，叶底嫩匀成朵。

参考文献

李瑾，黎娜，李照莹，等. 黄茶品质影响因素及香气研究进展［J］. 茶叶通讯，2015，42（2）：9-12.

唐贵珍. 中国典型黄茶感官品质及滋味品质成分研究［D］. 浙江大学，2019.

张星海. 黄茶加工与评审检验［M］. 北京：化学工业出版社，2015.

朱小元，宁井铭. 黄茶加工技术研究进展［J］. 茶业通报，2016，38（2）：74-79.

张娇，梁壮仙，张拓，等. 黄茶加工中主要品质成分的动态变化［J］. 食品科学，2019，40（16）：200-205.

黄茶加工

第五章

青茶加工

青茶是一类介于红茶、绿茶之间的半发酵茶，是六大茶类中表现方式最为丰富的一种，其特殊且富含技术性的晒青、晾青、摇青、炒青工序是构成茶质量的关键，并且随着茶树品种、采摘成熟度与制作工艺的不同，可表现出各式各样天然的花香与果香，风采万千。

第一节　青茶简介

一、青茶及其分类

（一）青茶的概念

青茶（Qing tea）亦称乌龙茶（Oolong tea），GB/T 30357.1—2013 规定，乌龙茶是以山茶属茶种茶树［*Camellia sinensis*（Linnaeus.）O. Kuntze］的叶子、驻芽和嫩梢，依次经适度萎凋、做青、杀青、揉捻（包揉）、干燥等独特工序加工而成的，具有特定品质特征的产品。根据茶树品质的不同，分为铁观音、黄金桂、水仙、肉桂、单丛、佛手、大红袍等产品。

（二）青茶的分类

按产区分类

乌龙茶按产区可分为闽北乌龙、闽南乌龙、广东乌龙和台湾乌龙。

（1）闽北乌龙茶　闽北是乌龙茶的大本营，产地包括崇安（除武夷山外）、建瓯、建阳、水吉镇等地。以武夷岩茶最受大众喜爱，有"十大名丛"之说：大红袍、铁罗汉、白鸡冠、水金龟、半天妖、白牡丹、金桂、金锁匙、北斗一号、白瑞香。

（2）闽南乌龙茶　是福建南部产的一种茶叶。主要品类有铁观音、黄金桂、闽南水仙、永春佛手以及闽南色种。其中尤以安溪铁观音最为出名，其身骨沉重如铁，形美似观音，成就了闽南乌龙茶的典范。

（3）广东乌龙茶　其加工方法源于福建武夷山，因此，其风格流派与武夷岩茶有些相似。主要产品有凤凰水仙、凤凰单丛、岭头单丛、饶平色种、石古坪乌龙、大叶奇兰等。以潮安的凤凰单丛和饶平的岭头单丛最为著名。

（4）台湾乌龙茶　产于台北、桃园、新竹、苗栗、宜兰等地，是我国台湾最早生产的茶类。

外观为条形卷曲，呈铜褐色，茶汤橙红，滋味纯正，冲泡后叶底边红腹绿，其中南投县的冻顶乌龙茶知名度极高。

🍵 按发酵程度分类

根据发酵程度的不同，乌龙茶通常可分为轻度发酵茶、中度发酵茶和重度发酵茶。轻发酵乌龙茶摇青程度较轻，且次数少，如文山包种茶和清香型铁观音，发酵程度为8%~10%；中度发酵茶的发酵程度在25%~50%，最常见的就是闽北地区的武夷岩茶，呈现"绿叶镶红边"的姿态；重发酵乌龙茶摇青程度较重，且次数较多，如白毫乌龙茶，汤色浓烈，滋味甘醇，一般的发酵度为60%，有的甚至可达80%。

🍵 按形态分类

乌龙茶由于茶树品种、生长环境、加工工艺和发酵程度等原因的差异，而拥有了不同的茶叶形态，主要有条索形、半球形、束形、团块形等。其中条索形乌龙茶有文山包种、凤凰单丛等，半球形乌龙茶有铁观音、冻顶乌龙等，束形乌龙茶如八角亭龙须茶，团块形乌龙茶如水仙饼茶。

二、青茶的历史

乌龙茶的形成与发展，首先要溯源于北苑茶。据《闽通志》记载，唐末建安张廷晖在凤凰山种茶，初为研膏茶，宋真宗时期改造后，成为名扬天下的龙团凤饼。到了明朝，由于明太祖朱元璋觉得龙凤团茶工艺繁复，因而下令罢贡，龙凤团茶也随之消失。不过此段时期后，中国的茶业仍在发展，而在原来生产龙凤团茶的武夷山地区则出现一种既不同于绿茶，又不同于普洱茶的半发酵茶，这就是最早的乌龙茶。在乌龙茶之前近千年的龙凤团茶以及其他茶类的栽培、制作工艺、冲泡品饮技艺，都为乌龙茶的横空出世奠定了深厚的基础。

三、青茶的功效

研究表明，青茶含有多酚、色素、生物碱、氨基酸、碳水化合物、蛋白质、挥发性化合物、氟化物、矿物质、微量元素等。具有抗过敏、抗病原菌及肠道调节、抗氧化、减肥、防治心血管疾病、抗糖尿病、抗突变及抑制癌症等功效。

调节肠道菌群

传统观念认为，乌龙茶对肠道菌群有调节作用，可治疗痢疾和急性肠胃炎。清代赵学敏在《本草纲目补遗》中写道："武夷茶色墨而味酸，最消食下气，醒脾解酒……破热气、除瘴气、利大小肠。"乌龙茶中大量存在的多酚组分不能被胃肠道完全吸收，而其产生的各种代谢产物却具有一定的生理功能，比如益生元活性，从而发挥其调节肠道菌群的作用。因此，可作为功能性食品成分预防肠道菌群生态的失调，并对治疗肠道微生物功能失调具有潜在效用。

抗过敏

每天饮用 1L 乌龙茶具有改善皮肤过敏的作用，其中儿茶素和茶多酚是抗过敏的主要活性成分。有研究表明，乌龙茶冲剂可显著抑制小鼠肥大细胞释放组胺，肥大细胞被特异性过敏原与 IgE 交联激活。EGCG 可以通过抑制大鼠腹膜渗出细胞释放组胺来强烈抑制大鼠的 I 型过敏反应。

抗病原菌

研究发现，某些单体多酚和聚合多酚具有显著的抗病原菌功效，而且在多种单体多酚存在的状态下抑菌效果更强，推测乌龙茶提取物的抑菌效果可能是多种单体多酚的协同效应。

减肥

茶叶的减肥功效已被消费者所广泛认可。早在《本草拾遗》中就有记载，饮茶可"去人脂，久食令人瘦"。有研究表明，绿茶、红茶、普洱茶、乌龙茶对大鼠的体重抑制程度为乌龙茶＞普洱茶＞红茶＞绿茶。

抗氧化

体外抗氧化研究表明，茶叶中茶多酚含量与其自由基的清除能力呈现良好的量效关系。体内研究也表明，乌龙茶能提高机体抗氧化能力，有助于清除体内过量自由基；降低肝、血清中脂质过氧化物的含量，延缓心肌脂褐素的形成，从而延缓人体衰老。

防治心血管疾病

有大量临床研究表明，饮用乌龙茶能降低低密度脂蛋白浓度，预防动脉粥样硬化及心脑血管疾病的发生；乌龙茶中的茶多酚可减少引起动脉粥样硬化的脂肪累积；生物碱可能在调节肾脏交感神经方面发挥作用，从而调节血压。

抗糖尿病

糖尿病临床表征为高血糖和葡萄糖不耐受，由胰岛素缺乏、胰岛素作用有效性受损或共同引起。有研究表明，绿茶、红茶及乌龙茶中的 EGCG 能显著提高胰岛素活性，并且这些茶中的 ECG、单宁及茶黄素也能加强胰岛素的活性。

抗突变抑癌症

多项流行病学调查显示，乌龙茶具有抗突变及抑制癌症功效。乌龙茶多糖、多酚的联合用药，使肝癌细胞 HepG 2 生长抑制率高达 52.71%，起到了明显的杀伤肿瘤细胞的作用，在临床中可以减少化学药物的使用剂量。

第二节　青茶加工的理论基础

乌龙茶是半发酵茶，它综合了绿茶不发酵和红茶全发酵的制法特点，形成了独特风格和优良品质。一般来说，萎凋是形成乌龙茶香气和滋味的基础；做青是乌龙茶品质形成的特有工序，是形成乌龙茶色、香、味的最关键过程，也是乌龙茶初制中最复杂、最细致的工序；杀青则是为了蒸发水分，散发香气；揉捻则可以挤出茶汁，增加茶汤浓度。

 萎凋过程化学成分变化

乌龙茶生产加工过程主要采用日光萎凋，可快速使叶片散失水分，扩大叶片与茎梗间含水量的差异。通过萎凋散发部分水分，酶的活性增强，有利于香气散发。研究表明，萎凋可以使己醇、（顺）-3，7- 二甲基 -1，3，

6- 辛三烯、橙花叔醇等含量增加。

做青过程化学成分变化

做青是乌龙茶加工过程的关键工序，是由摇青和静置两者交替进行。使鲜叶水分散失，并起到热化作用，消除茶叶中的苦涩味，促进滋味醇厚。构成乌龙茶滋味的物质主要有影响浓度的水浸出物、影响滋味强度（苦涩味兼收敛性）的多酚类和生物碱、影响滋味鲜甜度的氨基酸和可溶性糖等。

杀青过程化学成分变化

杀青是利用高温钝化叶中酶的活性，迅速中止发酵，散发青草气，促进热化学作用，以形成良好的香气，蒸发部分水分，便于茶叶揉捻成条。杀青叶与杀青前比，高沸点香精油略减，低沸点香精油略增加。

揉捻过程化学成分变化

乌龙茶揉捻不仅是为了塑造美观的外形，还是为了进一步破坏叶细胞，适度挤出茶汁，使其黏附于叶表，在冲泡时增加茶汤的浓度。揉捻叶的挥发性成分主要有 α - 法呢烯、香叶醇、吲哚、芳樟醇。其中，α - 法呢烯有草香、木香；香叶醇有玫瑰香气；吲哚高浓度时有强烈的不愉快臭气，稀释后呈橙子和茉莉花香。

干燥过程化学成分变化

干燥是乌龙茶加工的最后一道工序，茶叶水分被进一步去除，品质成分和形状得以固定，并在热化学作用下，发展了一部分新的香气和滋味物质，主要有己酸叶醇酯、芳樟醇、茉莉酮。其中，己酸叶醇酯具有清香和强烈的扩散性果香；芳樟醇有百合花或玉兰花的香气，是茶叶中含量较高的香气物质之一；茉莉酮有强烈而愉快的茉莉花香。

第三节　青茶加工技术

一、初制工艺流程

鲜叶→萎凋→做青（晾青、摇青）→杀青→揉捻（包揉）→干燥→毛茶

 鲜叶采摘

春秋茶宜采小开面至中大开面的新梢一芽二叶、四叶、对夹叶，以二、三叶为宜，夏暑茶可适当嫩采，茶青应肥壮、完整、新鲜、均匀。

萎凋

（1）自然萎凋　将鲜叶薄摊于竹水筛、垫布及其他器具上，静置于室内，酌情翻动 2~3 次，使萎凋均匀一致。萎凋时间 3~6 小时，视季节、品种、地区实际情况而定。鲜叶失水率控制在 10%~15%。

（2）日光萎凋　将鲜叶直接薄摊在晒青器具上，厚 2~4cm。利用早上或傍晚的阳光进行日光萎凋。日光萎凋时间 15~60 分钟，视季节、品种、地区实际情况而定。晒青可进行 2~3 次翻晒，并结合晾青，使鲜叶失水均匀一致。萎凋至叶面失去光泽，叶色转暗绿，顶叶稍下垂，梗弯而不断，手捏有弹性感，散发出微青草气。鲜叶失水率控制在 10%~15%。

（3）加温萎凋　适用于阴雨天采摘的鲜叶：风温 40℃以下，或环境温度控制在 26~28℃为宜，叶温不超过 30℃，摊叶厚 15~20cm，每 10~15 分钟翻动一次，时间 1~2 小时。鲜叶失水率控制在 15%~25%。

做青

做青是由摇青和静置两者交替进行。闽南乌龙茶适当轻摇，广东乌龙茶适当重摇。闽南乌龙茶摇青 3~4 次，历时 12~18 小时，晾青间适宜温度为 18~23℃，湿度为 65%~75%；闽北乌龙茶和广东乌龙茶的摇青一般为 4~5 次，历时 10~12 小时，摇青、吹风和静置交替进行，每 0.5 小时吹风一次，或晾青间适宜温度为 22~25℃，湿度不高于 80%。

杀青

做青叶应及时杀青。叶底颜色转暗，颜色均匀的同时用手抓把，用力接揉，然后用鼻子闻，闻到青味褪去，有一定的茶香，手有黏稠感即可。

闽南和闽北乌龙茶的杀青适宜温度为 220~280℃，广东乌龙茶的杀青适宜温度为 180~260℃，时间应控制在 10 分钟内，杀青后含水量控制在 40%~60% 为宜，视季节、品种、地区实际情况而定。杀青叶应及时摊凉，散发杀青叶的水汽。

揉捻

颗粒型乌龙茶需进行包揉工序。包揉使用包揉机、速包机和松包机配合反复进行，历时 3~4 小时。

 干燥

烘干温度为 85~120℃，烘 0.5~3 小时，可根据不同区域、不同产品风格，调整烘干温度及时间，含水量达 5%~6% 即可。

二、精制工艺流程

毛茶→拣剔→筛分→风选→拼配→匀堆→烘焙→包装

 验收

茶叶对照标准样、贸易样进行审评验收。验收主要内容有数量验收、品质状况、水分、碎茶、粉末、茶梗测定，评定茶叶等级。

 归堆

按地域、大类、等级、季节等要求进行归堆。

 拣剔

（1）人工拣剔　采用手工拣剔，拣去粗片、梗和杂物。
（2）机械拣剔　采用拣梗机和色选机进行拣剔，拣净率如不能达到产品质量要求，应结合人工拣剔。

 筛分

颗粒形乌龙茶的筛网孔径为 3~5mm，条形乌龙茶的筛网孔径为 6~7mm。

 风选

利用风选机选别出茶叶的轻重和非茶类夹杂物。

拼配

根据各级别产品的感官品质要求，设计拼配方案；根据原料的地域、外形、色泽、香气、滋味特色，充分发挥原料的最佳经济效益，科学合理地拼配。

 匀堆

拣剔后的茶叶，按原级别投料，将各筛号茶按一定的比例打堆拼和。

 烘焙

可采用电热控温烘干箱、电动链板式烘干机或其他类型烘干机烘焙茶叶，烘焙的温度和时间视产品的等级、风格或市场要求而定。闽南乌龙茶和广东乌龙茶的烘焙温度为 60~150℃，闽北乌龙茶的烘焙温度为70~160℃，当含水量低于 5% 时，即可下机。

第四节　青茶品质检验

一、感官品质检验

（一）干评

 净度

茶叶干净度与夹杂物含量，包括茶类夹杂物（梗、片、籽等）和非茶类夹杂物（沙、土、草、毛等）。

外形

茶身以重实为佳、轻飘为次，以肥壮与弯曲为佳、细小为次。

色泽

包括乌润、乌绿、砂绿、暗燥、枯黄、褐红等。

（二）湿评

扦取 5g（台湾乌龙茶为 3g）样茶，放入杯中，用沸水冲泡，用杯盖抹去水面漂浮的泡沫，并用开水冲净泡沫后加盖。1.5~2.0 分钟时，揭取杯盖嗅其香气（台湾乌龙茶不嗅杯盖香，嗅叶底香）；3 分钟（台湾乌龙茶为 6 分钟）时将茶汤倒入审评碗中，先看汤色，趁热尝滋味。再以上述方法冲泡第二次、第三次。审评滋味后再将茶叶倒入装有清水的叶底盘中审评叶底。各因子的审评方法如下。

🫖 香气

审评乌龙茶的香气，茶汤与茶叶暂不分开，先嗅杯盖香，差异较小的待茶汤倒出后，再嗅叶底香。在审评中，香气以其品种的花果香、清香浓强持久且耐冲泡为佳；品种香弱的为次；香气粗短、浊而不清的欠佳；如带有烟、焦、霉、水闷气、日晒气、油气等为劣品。乌龙茶一般以冲泡 1.5~2.0 分钟为宜，嗅香时间一般为 2~3 秒，先轻嗅 1 次，稍停顿再深嗅 1 次。

🫖 汤色

茶汤倒出后要趁热辨别茶汤的颜色、深浅、明暗、浑浊等。乌龙茶汤色一般要求橙黄明亮，以明亮为上品，暗淡混浊为次品。一般来说，春茶汤色以金黄色为佳，夏茶以橙黄色为好，秋茶以浅橙黄色为好；具体汤色好坏依品种而定。

🫖 滋味

看汤色的同时或之后尝滋味。尝滋味要趁热（45~50℃），否则就不够准确。审评滋味，是品尝茶汤滋味的浓淡、醇厚、苦涩、甘甜、鲜爽、青臭味、刺激性，辨别茶汤中香味有无异味及茶叶火候等。茶汤入口，有一股芬芳香味，过喉甘滑、醇厚、鲜爽为上品。一泡滋味浓度大，先辨别有无异杂味、品种味；二泡滋味最好，品种特征更明显，是判定级别的依据；三泡判别茶叶耐泡程度。

🫖 叶底

将茶渣倒入装有清水的白瓷碗中，用汤匙翻动叶片鉴别。各类毛茶叶底的色泽要求不同，但均以柔软明亮、色泽均匀者为佳。乌龙茶叶底主要观察：①嫩度，即叶子的柔软程度，具弹性还是硬挺；②匀整度，即断碎率；③叶色；④红边、红点分布情况，是鲜红色还是褐红；⑤品种纯度：有无品种混杂。

评分标准：乌龙茶审评按百分制评分，其中外形20分（条索10分、色泽10分），香气35分，滋味35分，叶底10分，汤色仅供参考。

乌龙茶感官品质评价标准总结见表5-1。

表5-1　乌龙茶感官品质评价标准

外形（20分）		内质（80分）			
条索 （10分）	色泽 （10分）	香气 （35分）	滋味 （35分）	叶底 （10分）	汤色 （参考）
重实为佳、轻飘为次；以肥壮与弯曲为佳、细小为次	乌润、乌绿、砂绿、暗燥、枯黄、褐红	以其品种的花果香、清香浓强持久且耐冲泡为佳；香气粗短、浊而不清的欠佳；如带有烟、焦、霉、水闷气、日晒气、油气等为劣品	醇厚圆滑无异味、杂味，过喉甘滑、醇厚、鲜爽	柔软明亮、色泽均匀；叶片具有弹性，不断不碎，无品种混杂	按品种区分汤色，一般要求橙黄明亮，以明亮为上品，暗淡混浊为次品

二、理化指标检验

理化指标检测项目主要有水分、灰分、碎茶、粉末含量的测定及其他项目，如农药残留量、重金属等卫生指标的测定。

 水分

标准规定，各类各级乌龙茶含水量不得超过7.5%，粗茶、细茶含水量不得超过8%。

 灰分

标准规定，乌龙茶灰分含量不得超过6.5%。

粉末、碎茶

标准规定，粉末、碎茶总量不得超过17%（大型碎茶为14%，小型碎茶为3%，其中粉末不得超过1.5%）。

第五节　经典青茶

一、闽南乌龙

铁观音

铁观音成品茶外形呈颗粒状，紧结沉重，用手掂量有"重如铁"之感；色泽鲜润砂绿，富有光泽；香气清幽细长，带有花生仁味或生洋参味，音韵明显，有果酸口感；汤色为金黄，清澈明亮，带玉色；叶底肥厚、软亮匀齐，叶缘向后翻卷，叶面呈波浪纹状，带有绸面光泽，叶尖向左稍歪，叶背主脉明显。

黄金桂

黄金桂原产地为福建省安溪县虎丘镇罗岩村，主产区有安溪、华安、惠安等。一般于4月上中旬采制，具有萌芽、采制、上市早的特点。

成品茶条索紧细，色泽黄亮润泽，汤色金黄，叶底中央黄绿，边缘朱红，柔软明亮，冲泡后滋味醇香，带桂花香。

本山

成品本山茶外形壮实沉重，茶叶色泽黄绿，呈青蒂、绿腹、红边的三节色。成品本山茶品质与铁观音近似，但无铁观音的特殊音韵。其汤色橙黄、叶底黄绿；汤香气高长，带兰花香；滋味醇厚，回甘有轻微酸甜味。

毛蟹

毛蟹原产地为福建省安溪县大坪乡福美村，主产地为安溪县。

成品毛蟹茶外形条索紧结、弯曲、螺状，梗圆形，头大尾尖，嫩叶尾部多白毫，俗称"白心尾"。其内质香气清高，深受消费者青睐。冲泡后，汤色呈青黄或金黄，香气浓郁似兰花。

梅占

梅占原产地为福建省安溪县芦田，在福建各乌龙茶产区都有种植。

成品梅占茶外形比较粗紧，梗肥，节间长，色泽褐绿并稍带暗红色。耐冲泡，汤色金黄，味厚香浓，略带青辛味。叶底粗条稍硬挺，叶柄长，叶蒂宽，叶脉较肥。

大叶乌龙

大叶乌龙又称为大叶乌，原产地为福建省安溪县长坑、蓝田一带。

成品大叶乌龙茶颗粒壮大，枝梗长壮，叶蒂稍粗大；色泽乌绿稍润，砂绿较粗，枝皮绿微紫，香气清纯高长，似栀子花香，滋味清醇爽口，较耐冲泡，汤色清黄或金黄，叶底叶张肥厚，叶色绿或黄绿，主脉根明显，红边稍显。

佛手

佛手是佛手茶（永春佛手）的简称。永春佛手系"中国申奥第一茶"，永春佛手茶又名香橼种、雪梨，因其形似佛手，名贵胜金，又称"金佛手"，主产于福建省永春县苏坑、玉斗和桂洋等乡镇海拔 600~900m 的高山处。乃佛手品种茶树梢制成，是福建乌龙茶中风味独特的名品。佛手茶树品种有红芽佛手与绿芽佛手两种（以春芽颜色区分），以红芽为佳。鲜叶大的如掌，椭圆形，叶肉肥厚，3月下旬萌芽，4月中旬开采，分四季采摘，春茶占 40%。

佛手茶成品茶条紧结肥壮、卷曲，色泽砂绿乌润，香浓锐，味甘厚，耐冲泡，汤色橙黄清澈。冲泡时馥郁幽芳，冉冉飘逸，就像屋里摆着几颗佛手、香橼等佳果所散发出来的绵绵幽香，沁人心腑。

二、闽北乌龙

（一）武夷名丛

大红袍

大红袍位居武夷岩茶四大名茶之首，有"乌龙茶圣"之称，享誉海内外。

外形条索紧结，色泽绿褐油润，冲泡后汤色橙黄明亮，叶片绿相间，有典型的"绿叶红镶边"之美感。大红袍品质最突

出之处是香气馥郁，有兰花香，香高而持久，滋味醇厚回甘，"岩韵"明显，且很耐冲泡。叶底软亮匀齐。

铁罗汉

铁罗汉是武夷山最早的名丛，有上千年的历史。铁罗汉的茶丛植根于狭长地带的小溪涧旁，山洞流水日夜滋润茶丛，使树丛生长茂盛，叶长而大，叶色光亮。

成品铁罗汉外形紧结，色泽青褐油润，叶片红绿相间；香气细而含蓄，持久馥郁，带有天然花香；滋味醇厚甘爽；汤色金黄明亮，叶底柔韧透亮且显红边。

白鸡冠

白鸡冠茶树树叶呈淡绿色，特别是幼叶浅绿而微黄、叶面开展、色素无光，春梢顶芽微弯，茸毫显露似鸡冠。

成茶颜色稍浅，香气浓郁清长，有白鸡冠独特香气；岩韵明显，味醇厚，爽口回味；汤色浓艳，呈橙红色；叶底肥软。

水金龟

成品水金龟茶香高细长，久闻爱不释手。滋味醇厚甘爽，回味持久，岩韵显露；汤色呈橙红色，有一种热烈的感觉；叶底叶张匀整软亮，叶色黄绿，红边明显。

（二）武夷肉桂

武夷肉桂作为武夷岩茶真正的当家品种，最能体现岩茶独有的韵味。

外观为典型的乌龙散茶，条索匀整，紧结卷曲，色泽褐绿，部分叶背有若青蛙皮状的白点。冲泡后汤色橙黄清澈，入口醇厚回甘，叶底黄亮，红点鲜明，具有辛锐的桂皮香以及强烈刺激的口感，冲泡六七次后仍有岩茶的特质。

（三）武夷水仙

条形壮实是武夷水仙的外形特征，给人以粗犷、有力的感觉。武夷水仙茶具天然兰花香，香幽久远，岩韵明显；滋味浓郁醇厚，甘滑清爽，回甘持久；耐泡，可冲泡六次以上，岩韵依旧；汤色金黄、清澈、透明；叶底叶质柔软，富有弹性，叶色黄亮，红镶边。

（四）武夷奇种

武夷奇种是武夷菜茶制成乌龙茶产品的名称，是武夷山本土最早生长的茶树品种之一。

外形紧结匀整，色泽铁青带褐，较油润。有天然花香，香而不烈，细而含蓄，香味持久。滋味醇厚甘爽，喉韵明显，较耐泡，品质特征稳定。汤色呈橙黄色，清澈明亮。

三、广东乌龙

（一）凤凰水仙

凤凰水仙为条形乌龙茶，是凤凰山上主产茶叶，古时因其叶形似鸟嘴，故称之为"鸟嘴茶"，1965年正式定名"凤凰水仙"。

成品茶外形条索美观紧结，粗壮匀整，色泽灰褐或黄褐油润似鳝鱼色，富有光泽，具有独特的自然花香，有兰花桂味之香型；内质汤色黄艳明亮，回甘力强而持久，山韵突出，叶底鲜黄亮，叶缘呈朱红色，经久耐泡。

（二）凤凰单丛

凤凰单丛是以凤凰水仙的茶树品质植株中选育出来的单株，其采制比凤凰水仙精细，是广东乌龙茶中的极品之一。茶形壮实而卷曲，叶色浅黄带微绿，汤色黄绿，香气清长，多次冲泡余香不散，甘味犹存。

（三）凤凰乌龙

凤凰乌龙采摘时间在每年的清明至谷雨前后。外形紧实纤秀，色泽光亮，滋味醇和，香气持久。

四、台湾乌龙

（一）文山包种

文山包种又名"清茶"，是台湾乌龙茶中发酵程度最轻的清香型绿色乌龙茶。

外观呈条索状，紧结、整齐，色泽墨绿有光，水色蜜绿鲜艳带金黄，香气清香幽雅似花香，和冻顶乌龙一样，都是台湾省特产，享有"北文山，南冻顶"的美誉。

（二）冻顶乌龙

冻顶乌龙茶产于台湾省中部邻近溪头风景区海拔 500~800m 的山区，是南投县鹿谷乡的特产茶叶，也是很具有代表性的台湾茶。

成品茶品质外形条索半球形而紧结整齐，色泽新鲜墨绿；内质汤色金黄澄清明丽，香气清香扑鼻，滋味圆滑醇厚，入喉甘润，韵味无穷。

（三）高山乌龙

高山乌龙茶产于台湾省南投县、嘉义县等地。高山乌龙茶叶形如半球形状，色泽深绿，汤色为金黄色。香如金桂，清香甘甜为其一大特征，为轻度发酵茶。

（四）木栅铁观音

木栅铁观音产于台湾省台北市，一年可采收 4~5 次，春茶和冬茶品质最佳。

成品茶外形茶条弯曲紧结；内质汤色橙黄显红，滋味浓而醇厚，微涩中带甘醇，并有纯和的弱果酸味，入口回甘润喉，香气浓郁持久，令人回味无穷。

（五）东方美人茶（白毫乌龙）

白毫乌龙的特点为茶叶呈现红、白、黄、绿、褐色泽，白毫肥大，汤色呈明澈鲜丽的琥珀色，带有成熟的果香与蜂蜜香，品尝起来滋味软甜甘润，少有涩味。也由于冷热饮皆宜，待茶汤稍冷时，滴入一点白兰地等浓厚的好酒，可使茶味更加浓醇，也因此被誉为"香槟乌龙"。英国维多利亚女王在品尝到茶商敬献的东方茶种后，赐予白毫乌龙"东方美人"的称号。

参考文献

张木树. 乌龙茶审评 [M]. 厦门：厦门大学出版社，2011.

陈焕堂，林世伟. 乌龙茶的世界 [M]. 北京：北京联合出版社，2016.

刘志彬，倪莉，蓝雪铭. 乌龙茶保健功效的研究进展 [J]. 中国食品学报，2014，14（02）：201-207.

辛董董，李东霄，张浩. 不同茶类制茶过程中的化学变化 [J]. 食品研究与开发，2020，41（02）：216-224.

青茶加工

第六章
红茶加工

红茶属全发酵茶，具有多种功能活性，是中国六大茶类之一，因其干茶色泽和冲泡的茶汤为红色而命名。红茶是以适宜的茶树新芽叶为原料，经萎凋、揉捻（切）、发酵、干燥等一系列工序加工而成的茶。红茶是世界上产销量最多的茶类，占全球消费量的 60% 以上，中国是世界上最早加工和制备红茶的国家。红茶的产地遍及世界各地，其中，印度的大吉岭、斯里兰卡的乌兰以及中国的祁门被誉为世界三大名茶产地。红茶制法的发源地是福建省崇安县（现武夷山市）桐木关，该地也被称为"红茶的发源地"。目前，红茶的主要消费地区是欧洲、美洲、亚洲，其次是非洲和大洋洲。其中，中国的东北、华东、华南、西北等地区，是一些传统的消费地区。随着东西方文化的交融和人们生活节奏的改变，越来越多的人开始关注和消费红茶，红茶在国内的市场也开始逐渐扩大。

第一节　红茶简介

一、红茶及其分类

（一）红茶的概念

NY/T 780—2004《红茶》规定，红茶（black tea）是用茶树 [*Camellia sinensis* (Linnaeus.) O. Kuntze] 新梢的芽、叶、嫩茎，经过萎凋、揉捻、（切碎）、发酵干燥等工艺加工，表现红色特征的茶。按照其加工的方法与出品的茶形，一般又可分为三大类：小种红茶、工夫红茶和红碎茶。

名优红茶

名优红茶指用嫩度或匀度较优的鲜叶原料，经过萎凋、揉捻、发酵、做形、干燥等特殊加工工艺，具有独特品质风格的红茶。

工夫红茶

工夫红茶指经过萎凋、揉捻、发酵、干燥等工艺加工的条形红茶，按原料品种分为大叶种工夫红茶和小叶种工夫红茶。分别分为特级、一级、二级、三级、四级、五级、六级。

红碎茶

红碎茶指经过萎凋、揉捻、切碎、发酵、干燥等工艺加工的颗粒形红茶，分为叶茶、碎茶、片茶、末茶四个花色。

小种红茶

小种红茶指经过萎凋、揉捻、发酵、熏烘、干燥等工艺加工的条形红茶，分为一级、二级、三级、四级。

（二）红茶的分类

按制作工艺分类

红茶按制作工艺分类主要有小种红茶、工夫红茶和红碎茶。小种红茶与其他两类红茶的区别在于在茶叶加工过程中增加了熏烘的工序，该阶段采用松木柴边熏边干燥，香气中带有独特的松木香味，品尝起来，滋味具有桂圆的香气特点；工夫红茶的独特之处在于揉捻过程中基本上不会破坏芽叶的性状，保持芽叶的完整性，经过揉捻工艺后形成条状，工夫红茶因产地不同而各具特点；红碎茶顾名思义就是在揉捻过程中对鲜叶进行切碎处理，使其加工后形状为颗粒状，红碎茶根据其产品部位特点又细分为叶茶、碎茶、片茶、末茶四种茶。

按产区分类

红茶又可按照产地细分为安徽祁红、云南滇红、福建闽红、湖南湖红、湖北宜红、江西宁红、四川川红、浙江越红、贵州黔红、广西桂红、海南红茶、台湾红茶等十多种红茶品种。

二、红茶的历史

中国"红茶"一词最早出现在明代，明初大臣刘基（1311—1375年，字伯温）在《多能鄙事》中记载了红茶，并介绍了"兰膏红茶""酥签红茶"的调制法。17世纪初，福建崇安（现武夷山市）首创小种红茶（Lapsang Souchong）制法，是我国茶叶史上最早加工的一种红茶。1610年，红茶首次从海上被运往荷兰，1618年，英国首先将东方所产的茶运回国内，然后又相继运往欧洲如法国和德国等国家，由此掀开了世界红茶生产和贸易的序幕。1650年，茶叶由荷兰人贩运至北美，17世纪中叶后，中国茶叶开始进入直接输出时期，中英、中荷、中俄、中美的茶叶贸易开始发展。至18世纪，茶叶逐渐风行欧洲皇宫贵族及上层社会，同时他们将茶习俗传入欧美，茶叶很快成为大众饮料，风靡全欧，英国国会文件上出现的"Black Tea"一词，即代表中国红茶。

到18世纪中叶，在小种红茶的基础上创制出工夫红茶。公元1751年，清代董天工写的《武夷山志》载有"小种"和"工夫"茶名，说明当时已有"小种红茶"和"工夫红茶"之分，也说明工夫红茶制法起源于福建。1875年前后，工夫红茶制法传至安徽祁门，成为祁门工夫红茶的起源。19世纪80年代，我国红茶已在世界茶叶市场上占统治地位。19世纪90年代，由于茶叶贸易的巨额利润，荷兰和英国不满中国的垄断，开始在其殖民地印度、锡兰（现斯里兰卡）等地引种中国茶树并生产加工红茶。

19世纪末，印度开始机械制茶，研制成红碎茶，从此红碎茶成为国际茶叶市场的主力军。20世纪20年代，印度研制出红碎茶后，红碎茶逐渐取代一直占据世界红茶市场霸主地位的工夫红茶，成为红茶的主体。同一时间，肯尼亚也开始了规模性的茶叶生产，生产的茶叶全部是碎茶。至20世纪后期，红碎茶的产量占世界红茶总产量的98%以上。

20世纪50年代，中国形成了祁红、苏红、越红、闽红（政和、坦洋和白琳、小种红茶）、浮红（景德镇）、宁红、宜红、湖红、粤红、川红、滇红、黔红等十二大工夫红茶品种。1958年，为了开拓西方国家的茶叶贸易，我国又在印度红碎茶的基础上以云南凤庆研制加工"红碎茶"。1959年，广东英德茶厂研制出第一批红碎茶，1964年开始在云南勐海、广东英德、四川新胜、湖北芭蕉、湖南瀛江、江苏芙蓉等地进行红碎茶研制。之后，就把云南、广东、海南规定为红碎茶重要发展地区。

三、红茶的功效

红茶富含丰富的茶黄素、茶红素、茶褐素、儿茶素、生物碱、游离氨基酸、黄酮、茶多糖、微量元素锰等多种成分，使其具有多种功能活性，能改善肠道菌群、保护胃黏膜；还具有减肥、降脂的功效。另外，适量饮用红茶还能降低血糖，有助于控制肥胖和糖尿病。红茶最突出的特点是具有暖胃的作用，与其他种类茶相比，红茶更适合女性饮用。

改善肠道菌群　红茶中的茶黄素、茶红素以及茶褐素这些生物利用率不高的高分子聚合物进入大肠后可调节肠道内容物肠道菌群。大量体内外实验充分表明，适量饮用红茶能促进有益菌生长，同时杀灭或者抑制有害菌的生长，从而使肠道菌群保持相对稳定。从红茶中分离出的茶多酚和茶色素，两者均有一定的抑菌作用。

保护胃肠黏膜　饮用红茶能够适当保护胃肠黏膜。茶多酚、生物碱等对胃肠道有一定的刺激作用，但红茶茶汤中的生物碱与复杂的多酚体系相互作用形成络合物，对胃肠道的刺激性有所缓和。空腹饮用一定量的红茶，可以避免肠黏膜萎缩。红茶提取液具有一定抗溃疡作用，能显著降低由阿司匹林、吲哚美辛、乙醇、利血平和冷应激等引发的溃疡数量和溃疡指数。红茶对胃肠道黏膜起保护作用的物质可能是其中的茶色素、茶多糖、茶多酚等多种物质络合的结果。

调节消化吸收　红茶中的芳香物质可刺激胃液的分泌；生物碱可以增强肠道运动，并与肠道中的有机酸或无机盐结合，加速食物消化；红茶能在一定程度上抑制脂肪的吸收，可加快其在体内的代谢。茶红素加快了酸性甾体化合物的排泄，通过促进粪便排泄类固醇，从而促使肝脏脂质含量降低。红茶在小肠内可以通过抑制 α-葡糖苷酶活性来阻止双糖的分解，从而调节餐后高血糖，生物碱具有提高胰岛素水平、降低胰岛素敏感性、提高皮质醇水平的作用。

减肥 降脂

红茶具有减肥和降脂的生物活性。祁门红茶能显著降低饮食诱导的肥胖 SD 大鼠的食物摄取、体重和血液甘油三酯，比绿茶提取物的效果更强。红茶茶黄素复合物可有效抑制前脂肪细胞的生长增殖和分化，显著减少了脂肪细胞内油脂的集聚。

解毒

红茶中的茶黄素、没食子酸酯在人体胃酸环境中能够螯合金属离子，起到解毒作用。

第二节　红茶加工的理论基础

在红茶加工过程中，茶叶在茶色、茶味、茶形态等物理形态方面，还有茶叶内在的茶多酚、茶多糖、茶色素等多种化学物质方面发生了巨大的变化。尤其是鲜叶中的化学成分变化很大，茶多酚减少 90% 以上，并产生茶黄素等新成分。香气物质从鲜叶中的 50 多种，增至 300 多种，一部分生物碱、儿茶素和茶黄素络合成滋味鲜美的络合物。在加工过程中，萎凋、揉捻、发酵和干燥是影响红茶品质特性的主要工序。

🫖 萎凋过程化学成分变化

萎凋过程是使鲜叶散失适度的水分，减少叶片细胞张力，使叶片柔软、韧性增加，为揉捻成型和破坏叶组织创造必要的物理条件。萎凋工艺中，温度、相对湿度、通风和摊叶厚度等外部条件，对失水速度、萎凋质量有直接影响。萎凋过程中，鲜叶失水，引起细胞膜的通透性变大，细胞中物质浓度变大、氧化酶活性增强、细胞液酸度增加，萎凋一定时间后，萎凋叶至叶面萎软失去光泽，手握如绵，梗折不断，叶脉透明，青草气消退，清香或花香显露，由于茶鲜叶中的芳香成分多以糖苷形式（结合态）存在，随着萎凋进行，水解酶的活性增强，糖苷被水解从而释放出芳香成分，使得原本青草气逐渐褪去，出现清香乃至花香。萎凋叶含水量在 58%~62% 即可。其中，春茶和嫩叶掌握萎凋程度重些，夏秋茶和老叶掌握萎凋程度轻些，即遵守"嫩叶萎凋重、老叶萎凋轻"的原则。判别方法基本采用俗称"一看、二闻、三摸"的经验和萎凋叶水分检测方法。

🍵 揉捻过程化学成分变化

红茶揉捻目的：①破坏叶细胞，使茶汁外溢，加速内溶物的酶促氧化，为形成红茶特有的内质奠定基础，并使干茶色泽油润，冲泡时易溶于水，增加滋味浓度；②使叶片卷紧成条，缩小体形，塑造优美外形。

揉捻过程中环境温度、湿度、氧浓度等是影响揉捻质量的重要因素。揉捻一旦开始，随着叶细胞被破坏，酶促氧化作用不断加强，多酚类物质的氧化程度也逐渐增强，在揉捻过程中不可避免地存在着发酵，所以一般计算红茶发酵的时间以揉捻开始为起点。揉捻开始后，酶促氧化随之开始且不断增强，由于环境温度和反应释放的热量两因素，会使叶温升高，从而加快氧化反应，消耗的氧气降低了揉桶内氧的含量，氧浓度比大气的下降 3%~4%。

🍵 发酵过程化学成分变化

发酵是红茶加工过程中品质形成的关键工序，是促进茶叶内含成分进一步发生变化，使绿叶变红，形成红茶特殊的色、香、味的过程，具体表现为叶色变化、香气转变、叶温改变。发酵适度时一般表现为青草气消失，新鲜、清新的花果香味显露，叶色红匀，目测红变达 85%~90% 程度。在实际加工生产中，发酵程度一般掌握适度偏轻，目前主要采用"一看、二闻、三摸"的经验方法判定发酵程度，受师傅加工经验、技术水平等的影响很大。

红茶的发酵是指在酶促作用下，酚类化合物氧化和醇类物质发生一系列变化的过程，醇类物质的变化是香气改变的主要因素，儿茶素类的变化是红茶色泽变化的关键因素。发酵过程中茶叶的青草气主要来自青叶醇，随着发酵程度的深入，某些红茶会产生苯乙醇、香叶醇、香草醇以及橙花醇等带有玫瑰花香，或者是苯甲醇、香草醛、苯甲醛等花果香。另一方面，在发酵过程中，儿茶素类物质在多酚氧化酶催化下，迅速被氧化成初级氧化产物——邻醌，随后聚合形成联苯酚醌类中间产物，联苯酚醌极不稳定，经还原反应可形成双黄烷醇类化合物，经氧化反应即生成茶黄素（TFs）和茶红素（TRs），茶黄素继续氧化转化成茶红素，茶红素又进一步转化为黑色的茶褐素（TB）。茶黄素是影响红茶茶汤亮度、香味、浓烈程度的重要因素；茶红素是红茶茶汤红浓度的主体，具有收敛性、弱刺激性；高品质工夫红茶要求茶黄素、茶红素两者含量水平都要高，而且其比例（TRs/

TEs）适当，故色泽表现出深红色。

干燥过程化学成分变化

温度是影响烘干品质的主要因素，应掌握"毛火高温、足火低温"的原则。毛火时，由于发酵叶含水量高，必须采用较高的温度，使叶温迅速升高以破坏酶的活性，制止酶促氧化反应，同时迅速蒸发水分，减少长时间高温湿热作用的影响。毛火温度过低，酶活性不能被及时破坏，会让酶促氧化反应继续而导致发酵过度；毛火温度过高，水分蒸发过快，会造成干燥叶外干内湿，甚至外焦内湿，这时叶内会产生高温闷热现象，降低工夫红茶品质。足火时，在制品含水量已大幅降低，此时叶温与热风温度基本趋于一致，需采用低温烘焙，发展和固定工夫红茶香气品质，若这时温度过高，容易产生高火、焦味。

第三节　红茶加工技术

红茶加工可以分为初步加工和精制加工两步，而关键在于萎凋和发酵。红茶初步加工工艺流程如下：

采摘→萎凋→揉捻→发酵→干燥

鲜叶采摘

四季之中，春季最适宜采摘，春秋茶采摘要求小开面至中大开面的新梢二至四叶，以二、三叶为宜，夏暑茶可适当嫩采，茶青应肥壮、完整、新鲜、均匀。

萎凋

目前常用萎凋方法有室内自然萎凋、日光萎凋、萎凋槽萎凋、萎凋室萎凋、萎凋机萎凋等。

（1）室内自然萎凋　鲜叶摊晒厚度1~2cm，嫩叶薄摊，老叶厚摊；定时翻动，萎凋时间8~12小时，一般控制在18小时以内较好。

（2）日光萎凋（晒青）　日光较强时鲜叶摊晒30~40分钟可完成，一般需1~2小时；阳光微弱时则需3小时左右。日光萎凋结束后需将萎凋叶移入室内摊凉。

（3）萎凋槽萎凋　萎凋槽根据实际大小选择，风量大小应根据萎凋叶层厚薄和叶质柔软程度进行适当调节；一般鼓风温度控制在35℃左右，不超过38℃，槽体前后温度应基本一致。

（4）萎凋室萎凋　室内温度控制在25~30℃，不超过35℃，相对湿度控制在55%~65%，萎凋叶厚度超过2cm时需定时翻动，时间适当即可。

（5）萎凋机萎凋　在萎凋机内安装单色LED光源，模拟日光萎凋，进行光补偿全天候萎凋。

 揉捻

揉捻过程中，投叶量、揉捻时间、揉捻加压等是直接影响揉捻效果的关键工艺，并通过揉捻程度来判断揉捻效果。

（1）投叶量　先投入2/3或3/4萎凋叶，待揉捻机空压运行3~5分钟后，再投入剩余的萎凋叶进行操作。春季一芽一、二叶中小叶种鲜叶原料，萎凋叶含水量一般在（60%±2%），揉捻机型号不同，运行参数不同。

（2）揉捻时间　按鲜叶原料老嫩不同而有所区别，名茶原料45~60分钟，优质原料60~90分钟，大宗原料90~120分钟。

（3）揉捻加压　一般采用按照"嫩叶轻压、老叶重压，轻萎凋轻压、重萎凋重压"的原则；加压时应从空压逐渐加至重压为一个阶段，一般应重复揉2~3次。

 发酵

红茶发酵是以多酚类化合物为主体的一系列化学变化过程，这些变化主要受发酵中的温度、湿度、通气（供氧）、时间、摊叶厚度等环境因子影响。

（1）发酵温度　一般叶温掌握在（30±2）℃为宜，最高叶温不超过40℃。传统发酵室（房）的堆积发酵中，一般叶温比气温高2~6℃，甚至高10℃以上，因此，采用传统发酵方式时发酵环境的气温以24~26℃为宜。

（2）发酵湿度　叶片含水率以58%~62%为宜。嫩叶含水量低，老叶含水量高。一般要求发酵环境的相对湿度在85%以上。

（3）通气（供氧）　一般加工1kg红茶在发酵中耗氧达4~5L，传统发酵过程中发酵叶内氧浓度一直比空气中氧浓度低2%，故发酵中需要持续不断地通气（供氧）。

（4）发酵时间　从发酵的本质界定，应以揉捻开始时计算发酵时间，一般大叶种需 1~2 小时，中叶种需 2~3 小时，小叶种需 3~5 小时。

（5）摊叶厚度 一般为 8~12cm，嫩叶和小叶种鲜叶原料要薄摊，老叶和大叶种鲜叶原料要厚摊；气温低时要厚摊，气温高时要薄摊；在发酵过程中翻拌 2~3 次。

 干燥

红茶干燥方法多采用热风烘干法，个别产地使用锅炒法。目前多数工夫红茶采用烘干机烘焙干燥。烘干技术工艺主要掌握温度、风量、烘干时间和摊叶厚度等。

（1）温度 应掌握"毛火高温、足火低温"的原则。采用自动烘干机时，毛火温度以进风口风温（120±10）℃、足火温度以进风口风温（90±10）℃为宜，毛火与足火之间需适当摊凉。目前，工夫红茶干燥后多数工艺还增加一道提香过程，进一步增加工夫红茶香气，一般提香温度掌握在 70~90℃，时间稍长些。

（2）风量 采用自动烘干机时，一般适宜的风速为 0.5m/s，有的烘干机顶部增加抽风装置，及时排放湿气，可提高干燥效率 30%~40%，提高工夫红茶品质。通常毛火时风量较大，足火时风量需适当减少。

（3）时间 毛火时应高温快速，以 10~15 分钟为宜；足火时应低温慢烘，以 15~20 分钟为宜，使香气充分发展。若增加提香过程，提香时间可在 1~2 小时。

（4）摊叶厚度 以毛火 1cm 左右、足火可加厚至 2cm 左右但不超过 3cm 为宜，通常掌握"毛火薄摊、足火厚摊；嫩叶薄摊、老叶厚摊；碎叶薄摊、粗叶厚摊"的原则。

（5）干燥程度 工夫红茶干燥后的水分指标必须符合国家标准要求，一般毛火后在制品含水量掌握在 20%~25% 为宜，足火后的产品含水量应为 4%~6%，不能超过 7%。

第四节 红茶品质检验

红茶基本要求为品质正常，无劣变，无异变；无非茶类夹杂物；不着色，不添加任何化学物质和非天然的香味物质。通过感官评价红茶品质的好坏，除此之外，理化指标、卫生指标也是判断红茶品质好坏的重要指标。

一、感官品质检验

茶叶的感官品质是决定消费者接受度和购买度的主要因素，特别是随着生活水平的不断提高，消费者对产品的感官品质的要求也越来越高。

首先筛选品评员按照感官审评程序和参考物标准浓度进行培训。

评价尺度：采用 Spectrum Method 法，按 0~15 的强度尺度对样品的整体滋味、苦味、鲜味、甜味、涩味、余味进行评价；按 0~15 的强度对样品香气的特性进行评定。

样品呈送顺序：采用 3 个数字的随机数进行样品编码，采用随机次序呈送，每个评价员评价的次序随机。准确称取茶样 10g，用 500mL 沸水冲泡 5 分钟的方式冲泡茶样，先进行感官审评，然后趁热闻香，温度降至55℃时进行滋味评价，以确定红茶所具有的香气特征，比较不同样品之间的感官差异，具体见表 6-1、表 6-2。

表 6-1　香气的定义

感官性质	定义	参比
整体香气	衡量总体香气的强度	—
青草味	剪新鲜草释放出的气味	剪碎的新鲜草
干草味	干草或干麦秆的味道	干草
花香	花的香味	以单丛为花香的代表
果香	类似果（桂圆、红枣）的香气	50g 龙眼壳加 500mL 水，70℃水浴 10 分钟
发酵味	由红茶发酵产生的香气，有酸感	经典红茶样品
甜香	类似烘烤红薯的香气，有甜感	烤红薯
烘烤香	类似烘烤谷物的香气	25g 荞麦茶用 200mL 水，沸水泡制 2 分钟
焦糖香	类似焦糖的香气	20g 白砂糖加入 200mL 水，小火热到变成焦糖色

表 6-2　滋味的定义

感官性质	定义	参比及尺度
整体滋味	衡量总体滋味的强度	—
苦味	基本味觉，典型代表为生物碱	生物碱水溶液：0.04%=3，0.06%=7，0.1%=12
涩味	舌头或口腔表面产生的收敛感	明矾水溶液：0.08%=3，0.12%=6，0.20%=10
酸味	基本味觉，典型代表为枸橼酸	枸橼酸水溶液：0.2g/L=2，0.4g/L=4，0.6g/L=8
甜味	基本味觉，典型代表为蔗糖	蔗糖水溶液：2.0%=2，5.0%=5，10.0%=10
鲜味	谷氨酸等产生的复杂而醇甜的感觉	MSG 水溶液：0.05%=2，0.15%=5，0.25%=10
回甘	茶汤饮后在舌根和喉咙部位有回甜	6g 菊花和 1.5g 甘草分别加入 600g 水中，100℃加热 5 分钟，按 1：1 混合
浓厚	茶汤中内含物丰富及黏稠的程度	—
余味	茶汤中内含物脱离味觉器官后残存的味及黏稠的程度	—

红茶种类繁多，茶叶品质也随之不同。红茶属于全发酵茶类，其品质特征是红叶红汤，香苦味醇，可通过观其外形、色泽、香气、汤色、滋味、叶底判断优劣。下面介绍红茶的鉴定方法。

（一）各类红茶品质检验

优质红茶感官品质

（1）外形　条索紧细、匀齐。
（2）色泽　乌黑油润，芽尖呈金黄色。
（3）香气　小种红茶有松烟香；工夫红茶有糖香；川红有橘糖香。
（4）汤色　汤色红艳，碗沿有明亮金圈，冷却后有"冷浑浊"现象。
（5）滋味　茶汤滋味醇厚、鲜甜。
（6）叶底　芽叶齐整均匀，柔软厚实，色泽红亮鲜活。

🫖 劣质红茶感官品质

（1）外形　大小、长短不均，外形粗糙，杂质多。

（2）色泽　叶色暗黑，芽尖发黑，或茶叶呈青灰色、银白色；粗老叶色泽橘红。

（3）香气　低弱、浑浊、持续时间短，或有异味。

（4）汤色　呈深暗色或浅暗混浊。

（5）滋味　淡薄或带粗涩味。

（6）叶底　花青、乌暗且不展开。

🫖 红碎茶感官品质

着重内质的汤味和香气，其次是外形。

（1）外形　红碎茶外形要求均匀齐整，碎茶颗粒卷紧，叶茶条索紧直，片茶褶皱而厚实，末茶成砂粒状，体质重实。碎、片、叶、末的规格要分清，碎茶中不含片末茶，片末茶中不含末茶，末茶中不含灰末。色泽乌润或褐红，忌灰枯或泛黄。

（2）茶香　高档的红碎茶，香气特别高，具有果香、花香和类似茉莉花的甜香，要求品尝时能闻到茶香。我国云南的红碎茶就是一个鲜明的例子。

（3）汤色　以红艳明亮为上品，暗浊为下品，红碎茶汤色深浅和明亮度是茶叶茶汤的质量的反映。决定汤色的主要成分是茶黄素和茶红素。茶汤乳凝（冷后浑）是汤质的优良表现。

（4）口味　滋味更加强调汤质，汤质若为浓厚、强烈、鲜美的程度则为上品，若汤质淡、钝、陈则为茶叶中下品。

（5）叶底　叶底的色泽为红艳明亮为上品，暗杂为下品。叶底的嫩度，以柔软匀整为上品，粗硬花杂为下品。

牛奶鉴别法

这是国外的一种鉴别红茶品质的方法。

（1）加奶量　每杯茶汤中加入数量约为茶汤的1/10的鲜牛奶，加量过多不利于鉴别汤味。

（2）加奶后色泽方面　汤色以粉红明亮或棕红明亮为上品，淡黄微红或淡红的较好，暗褐、淡灰、灰白的为下品。

（3）加奶后汤味方面　茶汤入口后品尝具有明显的茶味，为茶汤浓度大，且入口后两腮立即有明显的刺激感，为茶汤强度强，此茶为上品；若只感受到明显奶味，则为茶味淡薄，此茶为下品。

（二）工夫红茶等级鉴定

工夫红茶可按照其品质特征划分为 7 个等级。

特级

外形肥嫩，金毫披露，棕润匀整；汤色红艳明亮；香气甜香浓郁；滋味浓爽鲜甜；叶底肥嫩匀齐，红亮显芽。

一级

外形肥壮显锋苗，棕润匀整；汤色红明亮；香气甜香高长；滋味浓，甜醇；叶底肥软完整，红亮。

二级

外形壮实整齐，棕褐较润；汤色红明；香气甜香纯正；滋味浓醇；叶底红亮完整，肥大。

三级

外形壮实尚匀整，稍有梗片；汤色红较亮；香气尚高；滋味醇正；叶底较红亮，较软。

四级

外形尚紧，尚匀，有梗片；汤色红尚亮；香气纯和；滋味平和；叶底红尚亮，欠软。

五级

外形粗大欠匀，有梗朴片；汤色深红；香气稍有粗气；滋味稍粗；叶底暗红，粗大。

六级

外形粗松欠匀，多梗朴片；汤色暗红；香气粗气；滋味粗涩；叶底色暗，粗大质硬。

（三）红碎茶等级鉴定

红碎茶可按照其品质特征划分为 4 个等级。

 叶茶

外形条索紧卷，尚润，有嫩茎；汤色红亮；香气高纯；滋味醇厚；叶底红亮。

 碎茶

外形颗粒紧实，色润；汤色红亮；香气高纯；滋味浓厚；叶底红亮。

 片茶

外形片状褶皱，尚匀；汤色尚亮；香气平正；滋味醇正；叶底红尚亮。

 末茶

外形细沙粒装，重实匀净，尚润；汤色深红；香气纯正；滋味醇正；叶底红匀尚亮。

（四）小种红茶等级鉴定

小种红茶可按照其品质特征划分为 4 个等级。

 一级

外形颗粒紧实，色润；汤色红明；香气具浓厚松烟香；滋味醇厚带甜；叶底深红嫩匀。

 二级

外形紧实色黑，较匀；汤色深红；香气香高，高松烟香；滋味醇厚；叶底红尚亮，尚嫩。

 三级

外形壮实色黑，尚匀；汤色深红尚亮；香气带松烟香；滋味醇正；叶底暗红，尚软。

四级

外形粗松，色黑显黏；汤色深红欠亮；香气稍粗；滋味平和；叶底暗红粗大。

二、理化指标检验

理化指标检验项目主要有水分、灰分、碎茶、粉末含量的测定及其他项目，如农药残留量、重金属等卫生指标的测定。

 水分

标准规定，各类各级红茶含水量不得超过 6.5%，水浸出物不小于 32%。

 总灰分

标准规定，红茶灰分含量不得超过 6.5%。

 粉末

标准规定，红茶中粉末总量不得超过 3%。

三、卫生指标检验

GB 2762—2017《食品中污染物限量》规定的茶叶卫生标准如下：铅，限量 5mg/kg，检验标准为 GB 5009.12—2017《食品安全国家标准　食品中铅的测定》。

第五节　经典红茶

我国红茶文化历史长久，品种繁多，有祁门红茶、正山小种、金骏眉、滇红工夫、坦洋工夫、白琳工夫、政和工夫、川红工夫、海南红茶、宁红工夫、湘红工夫、宜红工夫、苏红工夫、英德红茶、桂红工夫、台湾红茶、九曲红梅、黔红工夫和越红工夫等 19 种经典红茶。下面详细介绍每一款。

一、祁门红茶

祁门红茶（KEEMUN Congou Black Tea），简称祁红，国家标准的定义为以安徽省祁门县辖区域为核心产区及毗邻的传统产区的祁门槠叶种及其他适制的茶树品种鲜叶为原料，按照初制（萎凋、揉捻、发酵、干燥等）和精制（筛制、切细、风选、拣剔、补火、拼配、匀堆等）工艺加工而成的具有"祁门香"品质特征的条形红茶。

祁门红茶是中国十大名茶中唯一的红茶，与印度大吉岭红茶、斯里兰卡乌兰红茶并称为世界三大高香茶。祁红属于发酵茶，其制作技艺是中国红茶制法的典型代表。2008 年，红茶制作技艺（祁门红茶）被列入第二批国家级非物质文化遗产代表性项目名录。成品的祁门红茶外表色泽乌润，条索紧细；汤色红艳透明，叶底鲜红明亮；具有独特的砂糖香或苹果香，并带有蕴藏的兰花香，清香持久，被誉为"祁门香"。与绿茶的清花香不同，还有水果成熟时散发的甜香。祁红性温良，适合各类人饮用，尤以胃寒体虚者为佳。

祁红的工艺精华在于产区自然环境优越，海拔高，气候湿润，雨量充沛，早晚温差大，这些条件非常适合茶树的生长。祁门茶树包含槠叶种、柳叶种、栗漆种、紫芽叶种、迟芽种、大柳叶种、大叶种和早芽种等 8 个品种；其中槠叶种占 69.5%，柳叶种占 16.8%。槠叶种具有高产优质的特性，是制造祁红工夫的主要原料，其内含香味成分丰富，是构成祁红滋味醇厚的物质基础。祁门红茶采摘标准较为严格，高档茶以一芽二叶为主，一般均系一芽三叶及相应嫩度的对夹叶。分批多次留叶采，春茶采摘 6~7 批，夏茶采 6 批，少采或不采秋茶。

在制茶方法上，历史上记载茶号收购湿坯烘干精制成工夫红茶，收回茶坯再采用文火慢烘，烘茶间门窗紧闭，门口设厚布帘，使室内保持一定温度，并使茶叶中香气不易散失，由此可见，烘工在祁红茶区的社会地位是比较高的，因为"火功"是祁红工艺精华之所在。

二、正山小种

正山小种产于福建省崇安县星村乡桐木关一带，所以又称为"星村小种"或"桐木关小种"，制作时采用松针或松柴熏制而成，以独特的松烟香与桂圆汤香冠绝天下，正山小种是世界上出现最早的红茶，有着"红茶鼻祖"的称号。成品的正山小种外形条索肥实，色泽乌润，泡水后汤色红浓，内质香气芬芳，香气高长带松烟香，滋味醇厚，带有桂圆汤味，香气悠长。加放牛奶，茶香味不减，形成糖浆状奶茶，液色更为绚丽。

正山小种产地以武夷山脉主峰（黄岗山）所在地、闽赣交界的桐木境内为中心。产地地理环境十分优越，山地平均海拔约 1000m；日照时间短，年均降水量充沛；土层深厚，土壤肥沃，土质含较多的沙砾石；有益于茶叶内含物质氨基酸等的形成。正山小种一年只采春、夏两季茶。春茶在立夏开采，时间约 20 天；夏茶在小暑采摘，茶量少，仅为春茶量的 10% 左右。采摘标准为半开面二、三叶。由于高山茶，昼夜温差大，有利于茶叶有效成分的积累，氨基酸含量相对增加，茶汤更加鲜爽，茶多酚和儿茶素含量相对减少，茶汤涩味减少；茶树的氮代谢加强，酚氨物质比较少，芳香物质的种类和含量增加。正山小种与其他红茶干燥工艺最大的区别在于，在精制匀堆装箱前，还需加上一道熏烟工序，是形成小种红茶的品质和特征的关键所在。将经复揉后的茶坯架于吊架上熏焙烘干，底层烟道与室外的柴灶相连，在灶坑里烧松柴（松明），热烟由焙房地下的两条斜坡坑道导入，坑道上盖有青砖，可以任意启闭，可调节焙房室内的温度和烟量，利用余热使置于"菁楼"二、三层的茶青加温萎凋，促进茶叶中香精油的挥发，吸附松柴中挥发性及热解香气成分，从而形成了独特的传统风味。正山小种红茶含有 49 种香气成分，主要来自茶叶本身的香气成分，如芳樟醇及其氧化物、香叶醇、苯甲醇、2-苯乙醇、橙花叔醇等；其次是使用松木熏烘使红茶吸收萜烯类、苯酚类和愈创木酚类等芳香物质；由于熏焙程度不同，小种红茶茶叶的香气成分有明显差异。其中，香气成分中的长叶烯和 α-萜品醇为正山小种茶叶香精油中最有贡献的成分。

三、滇红工夫

滇红工夫是云南工夫红茶，属于大叶种类型的工夫茶，是中国四大经典红茶之一。滇红产地分为滇西和滇南，滇南有西双版纳、思茅（现普洱）、红河等地区；滇西有临沧、保山、德宏、大理等地区；其中以临沧凤庆县为代表，被誉为"滇红之乡"。滇红在我国10余种工夫红茶中品质独特，成品的滇红外形条索紧结、肥硕雄壮，干茶色泽乌润、金毫特显；汤色艳亮，香气鲜郁高长，滋味浓厚鲜爽，具有刺激性；叶底红匀嫩亮。茶叶的多酚类化合物、生物碱等成分含量居中国茶叶之首。

云南是世界茶树发源地，然而云南红茶的生产历史仅有70多年。1938年，为了开辟西南茶区，拓展茶叶生产，尤其是红茶生产在世界上的地位，中国茶叶公司与富滇新银行合资，于当年12月成立"云南中国茶叶贸易股份有限公司"。1939年1月，公司派冯绍裘、范和钧、郑鹤春分别去顺宁（现凤庆）和佛海（现勐海）试制工夫红茶，开云南红茶之先河，定名为"滇红"。为纪念冯绍裘先生的业绩，凤庆茶厂为他建立了铜像。

滇红工夫因采制时期不同，其品质具有季节性变化，一般春茶比夏、秋茶好。春茶条索肥硕，身骨重实，净度好，叶底嫩匀。夏茶正值雨季，芽叶生长快，节间长，虽芽毫显露，但净度较低，叶底稍显硬、杂。秋茶正处干凉季节，茶树生长代谢作用转弱，成茶身骨轻，净度低，嫩度不及春、夏茶。滇红工夫茸毫显露为其品质特点之一。其毫色可分淡黄、菊黄、金黄等类。凤庆、云县、昌宁等地工夫茶，毫色多呈菊黄，勐海、双江、临沧、普文等地工夫茶，毫色多呈金黄。同一茶园春季采制的一般毫色较浅，多呈淡黄，夏茶毫色多呈菊黄，唯秋茶多呈金黄色。滇红工夫内质香郁味浓。香气以滇西茶区的云县、凤庆、昌宁为好，尤其是云县部分地区所产的工夫茶，香气高长，且带有花香。滇南茶区工夫茶滋味浓厚，刺激性较强，滇西茶区工夫茶滋味醇厚，刺激性稍弱，但回味鲜爽。

四、福建闽红

福建闽红是政和工夫红茶、坦洋工夫红茶和白琳工夫红茶的统称。政和工夫茶味道很浓，体态匀称还散发香气，是闽红茶叶品种中最好的一种；坦洋工夫茶颜色乌黑发亮，茶叶鲜嫩，味道微甜还带香气，泡出来的汤是金黄色的；白琳工夫茶含有大量的橙黄白毫，泡出来汤色是红亮的；它还有一个名字叫"橘红"，寓意为像橘子一样红艳的红茶。

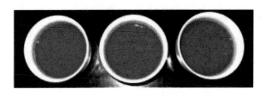

闽红三大工夫红茶茶汤对比（从左至右依次为坦洋、政和、白琳）

政和工夫

政和工夫是福建红茶中最具高山茶品质特征的一种条形茶。原产于政和，以政和县为主产区。政和工夫红茶按品种可分为大茶、小茶两种。大茶采用政和大白茶制成，是闽红三大工夫中的上品，外形条索肥壮多毫，色泽乌润，内质汤色红浓，香气高而鲜甜，滋味浓厚，叶底肥壮尚红。小茶采用小叶种制成，条索细紧，香似祁红，但欠持久，汤稍浅，味醇和，叶底红匀。政和工夫以大茶品种为主体，取其芽壮毫多，水浸出物、多酚类、氨基酸等内含成分高于一般小叶种，形成浓厚、鲜爽、富于收敛性的滋味。成品以政和大白茶品种为主体，适当拼配有小叶种茶树群体中选制的具有浓郁花香特色的工夫红茶。因此高级政和工夫外形匀称，毫心显，品尝之际，香味俱佳。成品茶条索肥壮重实、匀齐，色泽乌黑油润，毫芽显露金黄色，颇为美观；汤色红艳，滋味醇厚，香气浓郁芬芳，隐约之间颇似紫罗兰香气，似祁红。

坦洋工夫

坦洋工夫是闽红三大工夫茶之首，现主产于福建省福安市及周边等地。采用福安小叶茶种为原料加工的坦洋工夫红茶，外形紧结、色泽乌润、汤色鲜艳、香多味甘，叶底鲜红明亮；以其他优良品种为原料加工的坦洋工夫茶，外形细长或肥壮、匀整、金毫显露、色泽乌润有光，滋味清鲜甜和、香味甘爽醇厚，汤色红艳呈深金黄色，叶底红匀光滑。坦洋工夫红茶已加入柠檬调饮为主。

白琳工夫

白琳工夫产于福鼎市太姥山白琳、湖林一带。白琳工夫系小叶种红茶，外形条索紧结纤秀，含有大量的橙黄白毫，素以"形秀有峰、金黄毫显"而闻名于世；干茶色泽乌润油亮，汤色红艳明亮，叶底红亮，滋味鲜浓醇爽，香气清高，有特殊的花香，其冲泡既适合清饮又适合掺砂糖、牛奶；当地种植的小叶群体中具有茸毛多、萌芽早、产量高的特点。

闽红三大工夫红茶品质特征的比较总结见表 6-3。

表 6-3　闽红三大工夫红茶品质特征的比较

名称	外形	汤色	香气	滋味	叶底	茶多酚（％）	水浸物（％）
政和工夫	色泽乌润，条索肥壮，重实，芽毫显露呈金黄色	红艳	浓郁芬芳，隐约似紫罗兰香	滋味醇厚香高鲜甜	肥厚尚红	30.86	46.19
坦洋工夫	色泽乌黑，有光，条索细长匀整，带白毫	鲜艳，呈金黄色	香气清鲜高爽	滋味醇厚	红匀光滑	—	44.15
白琳工夫	色泽黄黑，条索细长，卷曲，茸毛多呈颗粒状	浅亮	鲜纯有毫香	滋味清鲜甜和	叶底鲜红带黄"橘红"	27.09	43.40

五、川红工夫

20 世纪 50 年代诞生的川红工夫红茶为工夫红茶后起之秀。四川川红产于四川省宜宾地区的宜宾、筠连、高县、琪县等地，其品质特征为香气馥郁高锐持久，滋味浓醇鲜爽，汤色红艳明亮，叶底细嫩红匀，条形细紧纤秀、有锋苗而显毫，干茶色泽乌润，净度良好。其中川红以宜宾早白尖品种所制的产品最具特色，被视为"川红珍品"，成品条索紧细，毫峰显露，色泽乌润，香气鲜嫩带橘子香，滋味醇爽，汤色红亮均匀。川红为我国在国际市场上市较早的一个茶叶品种。每年 4 月即可进入国际市场，以"早、嫩、快、好"的突出特点及优良品质，博得国内外茶界的赞誉。1985 年，在里斯本第 24 届世界优质食品质量评选会上，峨眉牌早白尖工夫红茶获金质奖章。川红工夫茶的产销历史虽只有 30 多年，但因茶树品质优良，而与"祁红""滇红"并驾齐驱。

六、台湾红茶

台湾红茶的起源最早应可追溯至 20 世纪 20 年代初期。日本为了防止中国绿茶占据日本，引进红茶品种在台湾地区进行试种。当时红茶茶树大多来自中国大陆的小叶种茶树，之后又引进印度阿萨姆大叶种茶树在南投的埔里、水里、鱼池以及花莲鹤冈一带培植并生产，并以"日东红茶"为名行销世界，获得极大的成功。由于台湾红茶品质优异，在世界上颇受肯定。20 世纪 30 年代，红茶更是一度超越乌龙茶，成为台湾茶业的主要重心之一。

目前，中国台湾地区所栽种适制红茶的树种有阿萨姆种、大叶种、台茶 1 号、台茶 7 号、台茶 8 号、台茶 18 号、台茶 21 号及野生山茶树等。其中台湾日月潭红茶，属全发酵茶，由大叶种制成的红茶，是亚洲地区著名的红茶精品之一。成品外形条索紧结匀整，色泽紫黑至紫红，毫多，香气醇和甘润，汤色艳红清澈，滋味浓厚，叶底肥嫩。

七、宜红工夫

宜红又名宜红工夫茶，因由宜昌集散、加工、出口而闻名。宜红是传统外销工夫红茶，系我国高品质的工夫红茶之一。品质独特，内含物质丰富；外形条索紧细，色泽乌润有金毫；甜香高长，带花果香；汤色橘红明亮；味醇爽；叶底细嫩，匀整红亮；茶汤稍冷即有"冷后浑"现象产生，是宜红茶的特色品质。

宜红茶主产区在湖北宜昌、恩施地区，气候适宜，雨量充沛；土壤大部分为微酸性黄红壤土，生态环境得天独厚。宜昌、恩施地区产茶历史悠久，茶圣陆羽所著《茶经》中描述"山南以峡州上，襄州次，荆州次"，其

中峡州即指当今宜都、夷陵一带。此地环境非常适宜茶叶生长，所产茶叶品质优异。欧阳修（时任宜昌县县令）也以"雪消深林自剐笋，人响空山随摘茶。春秋楚目西偏境，陆羽茶经第一州"来称颂峡州茶叶。

八、越红工夫

越红生产开始于1950年，历史并不长。中华人民共和国成立之初，因港口被美国封锁，浙江的珠茶出口受阻，中国茶业公司决定大规模改制红茶，先在浙江省进行。1951年绍兴地区的红茶达到221855t，成为浙江的主要红茶产区，1972年起实行新的收购等级标准，规定浙江省产的红茶统称为"越红"，并简化7级14等。在国内以中小叶种为原料的红茶中属于中档。成品的越红外形条索紧直、匀整重实，锋苗显露有白毫，色泽乌润；香气清高，滋味浓醇带鲜，水色红艳明亮，叶底嫩匀红艳。绍兴地区大都以红泥沙土为主，质地粗、通气性好、土层厚、原生矿物含量高，促进土壤微生物分解有机质，有利于鲜叶中有效成分的积累。越红鲜叶的采摘标准是一芽二、三叶，由于在20世纪50年代改制初期的宣传广泛，因此茶农均能严格掌握标准。

九、湘红工夫

湘红工夫红茶，源自素有"江南茶乡"之称的湖南，主产于湖南安化、桃源、涟源、邵阳、平江、浏阳、长沙等地。清朝光绪年间，为湖南红茶的生产最盛之时，其中以安化工夫红茶为主要代表，享有"无安化字号不买"的盛誉，其外形条索紧结尚肥实，香气高，滋味醇厚，汤色浓，叶底红稍暗。平江工夫香高，但欠韵。新化、桃源工夫外形条索紧细，毫较多，峰苗好，但叶肉较薄，香气较低。涟源工夫是新发展的茶，条索紧细，香味较淡。

十、金骏眉

金骏眉属于小叶茶，系正山小种的分支，原产于福建省武夷山市桐木村。是由正山小种红茶第二十四代传承人江元勋带领团队在传统工艺的基础上通过创新融合于2005年研制出的新品种红茶。金骏眉是一种较为昂贵的茶种，因为全都由制茶师傅手工制作，每500g金骏眉需要几万颗的茶叶鲜芽尖，采摘武夷山自然保护区内的高山原生态小种新鲜茶芽，然后经过一系列复杂的加工步骤才得以完成，金骏眉是茶中珍品，外形细小而紧秀。颜色为金、黄、黑相间。金黄色的为茶的绒毛、嫩芽，条索紧结纤细，圆而挺直，有锋苗，身骨重，匀整。开汤汤

色金黄，水中带甜，甜里透香，杯底花果香显等稀贵品质无法被模仿与超越。香气特别，干茶香气清香；热汤香气清爽纯正；温汤（45℃左右）熟香细腻；冷汤清和幽雅，清高持久。无论热品冷饮皆绵顺滑口，极具"清、和、醇、厚、香"的特点。连泡12次，口感仍然饱满甘甜，叶底舒展后，芽尖鲜活，秀挺亮丽。

十一、英德红茶

英德红茶，产于广东省英德市。茶区峰峦起伏，江水萦绕，喀斯特地形地貌构成了洞邃水丰的自然环境。成品的英德红茶外形颗粒紧结重实，色泽油润，细嫩匀整，金毫显露，香气鲜纯浓郁，花香明显，滋味浓厚甜润，汤色红艳明亮，金圈明显，叶底柔软红亮，特别是加奶后茶汤棕红瑰丽，味浓厚清爽，色香味俱全（佳），较之滇红、祁红别具风格。

2005年8月，广东省英德市被中国经济林协会命名为"中国红茶之乡"；2006年12月，英德红茶又被国家质量监督检验检疫总局批准并发给《国家地理标志保护产品》证书；2007年11月，英德红茶被评为"广东人民最喜爱的土特产"；它也是英国女王最爱喝的一种饮品。英德红茶花色品种齐全，茶内含物丰富，品质特点突出，规格分明，其中最知名的是中英红九号，茶叶很肥大，颜色偏褐色，泡出来的汤色是红色的而且有清香味，味道浓鲜爽甘醇，叶底嫩软红亮，加上鲜奶调和在一起饮用非常好喝。英红之所以能驰名中外、饮誉世界，是因其具有（厚）、强（烈）、鲜（爽）的品质特点，尤其秋茶的自然花香更令人喜爱，特别是加奶、加糖后，汤色姜黄瑰丽，香鲜味浓，饮后令人心旷神怡，深受欧美市场青睐。

十二、宁红工夫

宁红工夫红茶主产江西省修水县，之所以称之为宁红，一种说法是发源于修水县漫江乡宁红村而得名，另一种是因为它产自分宁。宁红工夫茶采摘要求生长旺盛、持嫩性强、芽头硕壮的蕻子茶，多为一芽一叶至二叶，芽叶大小、长短要求一致。宁红工夫茶外形条索紧结圆直，锋苗挺拔，略显红筋，色乌略红，光润；内质香高持久，具有独特香气，滋味醇厚甜和，汤色红亮，叶底红匀。高级茶"宁红金毫"条紧细秀丽，金毫显露，多锋苗，色乌润，香味鲜嫩醇爽，汤色红艳，叶底红嫩多芽。宁红除散条形茶外，另有束茶名为"龙须茶"。传统宁红工夫茶，享有英、美、德、俄、波五国茶商馈赠为"茶盖中华，价甲天下"的殊荣，当代"茶圣"吴觉农先生盛赞宁红为"礼品中的珍品"，并欣然挥毫题词"宁州红茶，誉满神州"。

十三、黔红工夫

自 20 世纪 50 年代起，贵州就生产工夫红茶，1958 年，改名为红碎茶，即"黔红"。其中，黔中丘陵、黔东中低山、黔南河谷等 3 个区域，生态环境得天独厚，是黔红的主要生产地。

遵义红生长于遵义的典型寡日照、低纬度、高海拔山地，属亚热带季风湿润气候，得天独厚的自然环境，为遵义红红茶香高味浓的优良品质之源。其外形紧细、秀丽披毫、色泽褐黄；汤色橙红亮、带金圈，香气纯正、幽长、带果香，滋味纯正尚鲜，叶底匀嫩。遵义红红茶能刮油解腻，促进消化，对于消化积食、清理肠胃更是有着十分明显的效果。此外，在适宜的浓度下，饮用平和的红茶对肠胃不产生刺激作用，黏稠、甘滑、醇厚的红茶进入人体肠胃形成的膜附着于胃的表层，对胃产生有益的保护层，长期饮用红茶可起到养胃、护胃作用。

十四、九曲红梅

九曲红梅茶系工夫红茶，因其色红香清如红梅，故称九曲红梅，滋味甜醇、暖胃，品质优异，风韵独特，色香味形俱佳，是优越的自然条件、优良的茶树品种与精细的采摘方法、精湛的加工工艺相结合的产物。采自杭州市西湖区双浦镇的湖埠、张余、冯家、灵山、社井、仁桥、上堡、大岭一带，以灵山、大坞盆地所产品质最佳，是红茶中的珍品。采摘以谷雨前后最佳。其外形条索紧细弯曲，曲细如鱼钩，色泽乌润多白毫，滋味浓郁，香气芬馥，汤色鲜亮，叶底红艳成朵，具有解渴养胃，消食除腻，明目提神，健身祛病之功效，深受消费者的青睐。

九曲红梅采摘是否适期，关系到茶叶的品质，以谷雨前后为优，清明前后开园，品质反居其下。九曲红梅采摘标准要求一芽二叶初展；经杀青、揉捻、发酵、干燥（烘焙）而成，关键在于发酵、干燥。九曲红梅茶生产已有近200年历史，100多年前就成名，1886年获巴拿马万国博览会金奖，但名气逊于西湖龙井茶。

参考文献

陈安妮. 中国红茶经典［M］. 福州：福建科学技术出版社，2010.

叶阳，董华荣. 工夫红茶加工技术与装备［M］. 重庆：西南师范大学出版社，2016.

杜钰，袁海波，陈小强，等. 红茶对胃肠道生理调节与疾病预防作用的研究进展［J］. 茶叶科学，2017，37（01）：10-16.

李占霞，赵杰荣. 论红茶的保健医疗作用［J］. 福建茶叶，2018，40（07）：26.

张成仁. 滇红工夫茶的品质特征及加工技术［J］. 中国茶叶加工，2018（04）：58-62.

红茶加工

第七章

黑茶加工

黑茶属后发酵茶，我国六大茶类之一，是以一定成熟度的鲜叶为原料，经杀青、渥堆发酵、蒸压等工序制成的一大类茶叶的总称。黑茶生产历史悠久，以制成紧压茶边销为主。主要品种有湖南黑茶、湖北佬扁茶、四川边茶、广西六堡散茶、云南普洱茶等。其中云南普洱茶古今中外久负盛名。黑茶的年产量很大，仅次于红茶、绿茶产量，成为我国的第三大茶类。

黑茶常见于我国边疆地区，如西北、西南少数民族地区。在我国的新疆、西藏、内蒙古等地，有"无茶则病""宁可三日无食，不可一日无茶"之说，黑茶已成为中国边疆少数民族的日常生活必需品。产地有湖南、湖北、云南、四川等。

第一节 黑茶简介

一、黑茶及其分类

（一）黑茶的概念

GB/T 32719.1—2016《黑茶 第 1 部分：基本要求》规定，黑茶（dark tea）是以茶树 [*Camellia sinensis* (Linnaeus.) O. Kuntze] 鲜叶和嫩梢，经杀青、揉捻、渥堆、干燥等加工工艺制成的产品。

（二）黑茶的分类

黑茶因其原料较为粗老，在加工过程中堆积发酵时间较长，形成干茶色泽油黑或黑褐，故名黑茶。黑茶是很多压制茶的原料，年产量仅次于我国的绿茶和红茶，占第三位，而以压制茶作边销茶为主。黑茶主要依据不同产地、不同茶树品种的鲜叶、不同加工方法来进行分类。黑茶按地域分布，主要分类为湖南黑茶（茯茶、千两茶、黑砖茶、三尖等）、湖北青砖茶、四川藏茶（边茶）、安徽古黟黑茶（安茶）、云南黑茶（普洱熟茶）、广西六堡茶及陕西黑茶（茯茶）。

普洱茶按标准 GB/T 22111—2008《地理标志产品 普洱茶》、NY/T 779—2004《普洱茶》执行。GB/T 22111—2008 对普洱茶定义：普洱茶是云南特有的地理标志产品，以符合普洱茶产地环境条件的云南大叶种晒青茶为原料，按特定的加工工艺生产，具有独特品质特征的茶叶。普洱茶分为普洱茶（生茶）和普洱茶（熟茶）两大类型。普洱茶（生茶）是以符合普洱茶产地环境条件下生长的云南大叶种茶树鲜叶为原料，经杀青、揉捻、日光干燥、蒸压成型等工艺制成的紧压茶。其品质特征为外形色泽墨绿、形状端正匀整、松紧适度，不起层脱面；洒面茶应包心不外露；内质香气清纯持久，滋味浓厚回甘，汤色绿黄清亮，叶底肥厚黄绿。茶多酚 ≥ 28%，水浸出物 ≥ 35%。普洱茶（熟茶）是以符合普洱茶产地环境条件的云南大叶种晒青茶为原料，采用特定工艺、经后发酵（快速后发酵或缓慢后发酵）加工形成的散茶和紧压茶。其品质特征为外形色泽红褐，形状端正匀整、松紧适度，不起层脱面；洒面茶应包心不外露；内质汤色红浓明亮，香气独特陈香，滋味醇厚回甘，叶底红褐。茶多酚 ≤ 15%，水浸出物 ≥ 28%。普洱茶有三个要素：生产地域（东经 100°、北纬 23.5°，澜沧江流域）；原料品种（云南大叶种，叶面积在 40~60cm^2 之内）；制造工艺（晒青茶）。

NY/T 779—2004 规定，晒青茶或普洱茶（生茶）包括：散茶、压制茶、袋泡茶。生茶茶多酚 ≥ 28%。熟成是指云南大叶种晒青毛茶及其压制茶在良好贮藏条件下长期贮存（10 年以上），或云南大叶种晒青毛茶经人工渥堆发酵，使茶多酚等生化成分经氧化聚合水解系列生化反应，最终形成普洱茶特定品质的加工工序。1975 年之前只有生茶。特定品质：红汤，生茶长期贮存（10 年以上）。茶多酚 ≤ 15%。转化就是一个熟成的过程。叶色金黄而厚，水味红浓而芳香。

普洱茶名称多按茶树原材料生长的山脉，以地名、山寨名命名，如布朗山：较苦涩，回甘快，生津强，汤色橘黄透亮，香气独特，有梅子香、花蜜香、兰香。南糯山茶：微苦涩，回甘快，生津好，汤色橘黄透亮，透着蜜香、兰香，古花香淡香如荷。老班章茶：号称茶王，条索粗壮，芽头肥壮且多绒毛，有强烈的山野气韵，香气强且持久，苦涩退化快，香型在兰花香与花蜜香之间。景迈山茶：十二大茶山中乔木树林最大的一片集中在这里，苦涩重，回甘生津强，汤色橘黄剔透。老曼娥茶：汤质厚，苦味重，略涩，香高韵足，汤色金黄透亮，口感爽滑。易武茶：汤色金黄，苦涩较轻，汤质滑厚，甘甜绵柔。临沧茶：香气较低，汤质甜柔，苦重于涩，不耐泡，多用于红茶发酵。云南独特的地理环境和生态环境，使得普洱茶具有多样性。

二、黑茶的历史

黑茶生产历史悠久，产区广阔，产销量大，品种花色多。以黑茶为原料压制的成品有砖形、饼形、驼形、心脏形、圆形等各种形状，也有用大小竹篓包装，形成各种花色品种的压制茶。

在北宋熙宁年间（1074年）就有用绿毛茶做色变黑的记载，但黑茶生产始于明代。

明嘉靖三年（1524年），御史陈讲疏记载了黑茶的生产："商茶低仍，悉征黑茶，产地有限，乃第为上中二品，印烙篦上，书商品而考之，每十斤蒸晒一篦，送至茶司，官商对分，官茶易马，商茶给卖。"当时湖南安化生产的黑茶，多远销边区以换马。

《明会典》载："穆宗隆庆五年（1571年）令买茶中与事宜，各商自备资本……收买真细好茶，毋分黑黄正附，一律蒸晒，每篦（篦篓）重不过七斤……运至汉中府辨验真假黑黄斤篦。"当时四川黑茶和黄茶是经蒸压成长方形的篦包茶，每包3~5kg，销往陕西汉中。崇祯十五年（1642年），太仆卿王家彦的疏中也说："数年来茶篦减黄增黑，敝茗赢驴，约略充数。"

普洱茶是以其原产地之一的普洱县（现宁洱县）命名之。唐朝时普洱名为步日，属银生节度。此时所生产之"银生茶"为普洱茶的前身，使用最原始的制法直接将鲜叶生晒。后发展出了杀青、揉捻等制程。清朝是普洱茶的发展鼎盛时期，《普洱府志》记载："普洱所属六大茶山……周八百里，入山作茶者十余万人。"宫廷贵族和风雅人士饮用普洱茶成为一种潮流，有"夏喝龙井，冬喝普洱"的风俗雅兴。当时，思茅与西双版纳一带为其主要原料生产地区，而普洱与思茅即成为加工和集散中心之一。明清时期以普洱为中心向外辐射出六条茶马古道，将普洱茶交换销售到中国内地以及越南、缅甸、泰国等国，并转运到中国香港和澳门地区、东南亚国家，甚至欧洲。

三、黑茶的功效

黑茶是经过渥堆、陈化加工而成的后发酵茶。由于渥堆过程中微生物的生长繁殖，可能产生了一些具有更高活性的物质，因此黑茶具有特殊的功能活性。

减肥

黑茶的减肥作用与黑茶品种、贮存时间等密切相关。黑茶品种包括茯砖茶、青砖茶、康砖茶、六堡茶和普洱茶等，虽然制作过程基本相似，但具体生产工艺仍有差异（如茯砖茶有独特的"发花"工序），导致不同品种黑茶的物质组成和减肥作用具有较大差异。研究报道，茯砖茶的减肥效果最优，普洱茶次之，六堡茶的减肥作用相对较弱。不同贮存时间对黑茶的减肥作用也有影响，随着贮存时间的增加，黑茶的减肥作用先升后降。

降血脂

黑茶降血脂功效成分主要有茶多酚、茶色素、茶多糖等。用黑茶浸提液对高脂血症患者进行临床研究显示黑茶有降血脂功能。健康老人饮用普洱茶，正常饮食，饮茶一段时间后血脂水平较饮茶前有所降低；患有高脂血症的老人在饮用黑茶后，血液中的总胆固醇、甘油三酯水平得到降低，且体内过氧化脂质的活性也有所降低。

促消化

在黑茶加工过程中有大量的黑曲霉、青霉、假丝酵母等参与作用，这些微生物在生长过程中均能分泌产生纤维素酶、蛋白酶、果胶酶、糖苷酶等酶类，有的还能产生枸橼酸、草酸等有机酸。这些微生物及其分泌的酶系统对茶叶中的有机物进行分解、水解、氧化与转化，形成黑茶特有的品质风味，同时也使黑茶具有促进人体消化的作用。饮用黑茶可以加速人体胰蛋白酶和胰淀粉酶的活性，促进人体对蛋白质及淀粉的消化吸收。黑茶能调整肠道菌群，且黑茶水提物能修复受损黏膜，有调节肠道免疫功能和调整肠道菌群的作用。

降血糖

普洱茶具有显著抑制糖尿病相关生物酶的作用，抑制率达90%以上。糖尿病动物模型实验结果表明，随着普洱茶浓度增加，其降血糖效果越发显著，而正常老鼠血糖值却不发生变化。

第二节　黑茶加工的理论基础

黑茶的制作工序复杂，是用成熟度较高的鲜叶经杀青、揉捻、渥堆、干燥等工序制作而成的，其中，渥堆和后发酵过程是形成黑茶特殊口感和生理功效成分最重要的步骤。原料茶叶在发酵、干燥过程中，其中的多酚类物质、生物碱、蛋白质和糖类化合物等在微生物分解的作用下，发生一系列反应，多糖类和蛋白质等大分子被降解，最终使多酚类、氨基酸、糖类的总量和种类发生变化。所以，相比于非发酵茶，黑茶有较高的游离蛋白质和水溶性糖含量、较低的多酚含量等特点，这也是黑茶具有更醇厚的口感和特殊风味的原因之一。

杀青过程化学成分变化

鲜叶经杀青工序后，其酶活性在高温作用下几乎完全被钝化，有些脂溶性色素物质被破坏了，绿色色素主要是叶绿素，破坏最多，而深色降解产物主要是黑褐色的脱镁叶绿素和黄褐色的脱镁叶绿素形成最多，从而使褐色色素增强，叶色失绿。

揉捻过程化学成分变化

黑茶在杀青和揉捻过程中，通过湿热作用使儿茶素各组分之间发生了相互转化作用，其中主要是酯型儿茶素发生水解，使得酯型儿茶素含量降低，简单儿茶素含量升高。

渥堆过程化学成分变化

黑茶注重渥堆工序，渥堆过程中，微生物作用下的后发酵以及茶叶本身的湿热作用是黑茶独特品质形成的关键。伴随发酵程度的加深，具有木香、萜香特征的含氧萜类物质急剧减少，芳香族化合物大量增加，普洱茶香气表现出不良品质。因此，适度的发酵才能充分协调各类香气成分之间的比例关系。

（1）微生物对黑茶品质的影响　渥堆前期，渥堆叶在湿热作用下发生一系列的热物理化学反应，使得渥堆叶的叶温呈现缓慢上升的趋势。而渥堆后期，由于微生物生长较快并且大量繁殖，使微生物的数量急剧增加，即发生了以微生物的酶促作用为主，热物理化学作用为辅的一系列反应，使得渥堆叶的叶温呈现大幅度上升的趋势。湿热可以为微生物的生长繁殖创造良好的条件，而微生物又可通过呼吸放热促进湿热作用，两者相互作用，有利于黑茶渥堆的进行。就作用而言，微生物的酶促作用对黑茶品质的形成起主导作用；就时间而言，渥堆的整个过程都有湿热作用的存在。

渥堆叶上的微生物在长达 1 个多月的渥堆过程中呈现出规律性的变化。真菌数量最多并占有绝对优势，尤其是渥堆早期，以霉菌出现最早；酵母菌在渥堆前期数量非常少，渥堆中后期生长繁殖加快并成为优势菌；放线菌在渥堆早期较少，后期则有所增加。前期细菌较多，以后逐渐减少，但尚未发现致病细菌的存在。而发生这些变化的原因主要是由于茶多酚等活性成分作用及微生物之间的拮抗作用的结果。

（2）酶对黑茶品质的影响　鲜叶中活性较低的果胶酶、纤维素酶等水解酶类，在渥堆期间较为活跃，至渥堆结束时活性均维持在较高水平，其中尤以纤维素酶较高。微生物酶学研究也已证实，黑曲霉是分泌胞外酶极为丰富的菌种，它不仅可以分泌蛋白酶、脂肪酶、纤维素酶、果胶酶和各种糖化酶等水解或裂解酶类，还可以释放多酚氧化酶等多种氧化酶类。酵母菌也是一类广谱泌酶菌，对纤维素、碳水化合物、果胶及脂肪等均有一定的分解能力。

黑茶渥堆过程中微生物数量的消长、种群的更迭，决定了渥堆体系中的酶活性及种类，这是因为酶活性的增强以及新的同工酶的形成均来源于渥堆微生物代谢所分泌的各种胞外酶。微生物为了满足自己对碳、氮的需求，就在代谢活动过程中分泌各种胞外酶，为渥堆叶中果胶质的裂解、纤维素的分解、蛋白质的降解和儿茶素的氧化，提供了有效的生化动力，并由此引起与黑茶色、香、味品质形成相关的成分发生复杂的生化变化。

🫖 干燥过程化学成分变化

作为黑茶加工的最后一道工序，干燥过程中长时间的湿热处理，多酚类物质进一步氧化聚合，儿茶素等与糖类、氨基酸类物质进一步作用，对黑茶特有品质的形成尤为重要。经过干燥处理，黑茶中萜烯类、醇类香气成分含量增加显著。不同的干燥方式也会形成黑茶迥然不同的香型。

普洱茶制作工序

云南地处云贵高原，古时交通不便，运输全部依靠人背马驮。茶叶以普洱为集散地，运销到我国西藏、香港及东南亚国家，运输过程历时一年半载。以前普洱茶的后发酵作用，都来自蒸压后自然氧化，以及运输过程中的风吹日晒。温度湿度不断提升或转变，对茶产生生物化学变化和酵素作用。后来研发出渥堆的熟茶工序，就是希望通过快速人工熟化替代自然氧化，以满足消费者的喜好。

普洱茶以发酵制作工序来区分，有生茶与熟茶之别。制作过程中，没有经过长时间增湿渥堆发酵工序所产生的称为"青毛茶"；反之，利用增湿渥堆或菌类人工发酵的称"熟毛茶"。

杀青→揉捻→干燥（普洱生茶）→增湿渥堆→干燥（普洱熟茶）

（1）杀青　利用高温彻底破坏鲜叶中多酚氧化酶的活性，制止多酚类化合物等的酶性氧化，防止影响普洱茶原料的红梗红叶等出现。杀青有助于茶叶原料中低沸点的青草气物质大部分挥发散失，高沸点的芳香物质显露出来。此外，一些具有难闻不愉快气味的低级醛、酸等经过高温杀青，基本上可以挥发。

（2）揉捻　可促使杀青叶细胞破碎，挤出茶汁，叶子内含成分外溢，有利于毛茶色泽的形成、熟茶发酵和冲泡。

（3）干燥　干燥过程除了降低水分达到足干，便于贮藏存放以待加工外，还有进一步形成普洱茶原料特有的色、香、味、形的作用。干燥使普洱茶原料含水量在 10% 左右，可以较长时间地保存，同时还能向普洱茶陈化品质的方向发展。

（4）渥堆　是形成普洱熟茶质量特色的关键工艺环节，通过毛茶原料潮水，盖上麻布片后，利用湿度、温度和有益菌种促使茶叶快速发酵。

普洱茶在发酵过程中大部分茶黄素和茶红素发生反应生成茶褐素，茶褐素的增加明显降低了茶汤的收敛性与苦涩味，同时也是茶汤呈现出暗色的主要原因之一。一般以多酚类物质和茶红素含量之和与茶褐素含量的比值 [（TF+TR）/TB] 来衡量普洱茶滋味品质的醇厚度。该比值越高，茶汤越醇厚，刺激性越强，比值越低，则茶汤滋味越弱。（TF+TR）/TB 值是影响茶汤色泽的主要因子，此值越小，汤色越深。虽然茶褐素作为普洱茶的特征性成分有助于形成普洱茶的独特滋味，但茶褐素的含量并不是越高越好。普洱茶渥堆发酵过程中，茶叶中氨基酸含量逐步损失。普洱茶在湿热渥堆过程中氨基酸参与了生化反应，氨基酸可以与多酚类物质聚合生成不同分子量的聚合物，部分聚合物属于茶叶香气的前体物质，氨基酸还可以参加 Malliard 反应，与茶叶香气形成有密切的联系。可溶性糖是茶汤滋味和香气的来源之一，是构成茶汤甜味的主要成分，对普洱茶独特的苦味和涩味有一定的遮盖和协调作用，可溶性糖在普洱茶发酵过程中能转化成香气物质，如糠醛。

（5）干燥　在普洱熟茶加工过程中，当后发酵结束后，为避免发酵过度，必须进行干燥。

第三节　黑茶加工技术

早在北宋年间，就有将绿毛茶作色成"作色黑茶"的记载，黑茶属于后发酵茶。初加工工艺如下：

鲜叶→杀青→揉捻→渥堆→干燥

为了方便运输，又将茶叶制成紧压茶，如普洱饼茶、茯砖茶、黑砖茶、康砖茶、六堡茶、方包茶、沱茶等。

一、湖南黑茶加工技术

湖南安化黑茶是以当地的黑毛茶为原料，经过筛分、汽蒸、渥堆、称茶、蒸茶、压制、包装、发花、干燥和检验等工序精制而成，其中决定安化黑茶品质最为关键的过程是"发花"。"发花"是将制作好的黑毛茶进行压制成砖坯后，送入发酵房内，在合适的温度、湿度等条件下生长出冠突散囊菌（俗称"金花"）的过程。

（一）黑毛茶加工技术

黑毛茶是安化黑茶各种成品茶的原料，各种成品茶在制作时都要首先制成黑毛茶再进行后续的操作程序。黑毛茶的加工过程主要如下：

🍵 杀青

因黑茶原料较粗老，为了避免水分不足杀青不匀透，一般除雨水叶、露水叶和幼嫩芽叶外，都要按 10∶1 的比例洒水（10kg 鲜叶洒 1kg 清水），洒水要均匀，以便杀青能杀匀杀透。

杀青锅温一般在 280~320℃，手工杀青投叶量 4~5kg，机械杀青投叶量 8~10kg，宜高温快炒，时间 2 分钟左右。炒至茶叶软绵带黏性，色转暗绿，无光泽，无青草气，香气显出，折粗梗不易断，均匀一致即可。

初揉

黑毛茶的揉捻以"短时、轻压、慢揉"为原则；机器转速在 40r/min 左右，揉捻时间在 15 分钟左右；以揉至嫩叶成条、粗老叶成皱叠为标准。

渥堆

选择背窗、洁净的地面，房间温度 25℃以上，湿度 85% 左右；将茶坯堆积成约 1m 高的堆，保温保湿，渥堆时间 24 小时左右，中间翻堆一次。

复揉

将渥堆后的茶坯打开，上机复揉，力量较初揉稍小，时间一般在 6~8 分钟。

烘焙

用松柴明火、旺火，不忌烟味；同时可分层累加湿坯，长时间一次烘焙。

成品黑毛茶茶梗易折断，手捏可成粉末，干茶色泽油黑，松烟香气浓烈扑鼻。

（二）加工压制

黑茶的压制要经过原料处理、蒸汽渥堆、压制定型、发花干燥、成品包装等工序。

汽蒸

通过高温蒸汽，增加茶坯的湿度和温度，为渥堆创造湿热条件；同时也可去除黑毛茶因久储而可能生成的有害霉菌和细菌。

渥堆

让茶坯在湿热中再次发酵，以弥补湿坯渥堆的不足，消除青草味和粗涩味，并为有益微生物的繁殖创造条件。

称茶蒸压

在这一过程中，为便于微生物的繁殖，砖体压制的松紧度和厚度要适宜；此外，砖模压制好后，应先放至冷却，使砖温由80℃左右降到50℃左右，冷却定型后即可退砖；再经验收合格后，用包装纸包装茶砖，以促使"发花"，再进行下一步的烘干。

发花干燥

发花全程时间以20~22天为宜，温度和湿度是茯砖发花的关键所在，温度保持在26~28℃，相对湿度保持在75%~85%，适宜的温度和湿度能促进"金花"的生长、繁殖。一般来说，茯砖的"金花"越多，品质越好。发花可增进砖茶的香味，使汤色变得黄红明亮，并能增强茯砖的保健药理功效。

二、云南普洱茶加工技术

云南普洱茶采自优良的云南大叶种茶树鲜叶，以经杀青后揉捻、晒干的晒青茶（滇青）为原料，经潮水堆积发酵（渥堆）的特殊工艺加工而成。以普洱散茶为原料，经蒸压再加工的压制茶有普洱沱茶、七子饼茶(圆茶)、普洱砖茶等。

（一）晒青毛茶初制

晒青毛茶，也称晒青绿茶、滇青，是普洱茶鲜叶初加工后的叫法，各种普洱成品茶都以晒青毛茶为原料制成，称得上是"普洱茶之母"。

晒青毛茶采摘

（1）采摘标准　一芽二、三叶或同等嫩度的对夹叶、单片叶，芽叶全长6~10cm，不带老枝、老叶。

（2）采摘时间　春、夏、秋三个季节均可采摘，也可以有旱季、雨季之分，其中，旱季春茶在2月底~5月中，秋季茶在9月底~11月底，雨季茶在5月底~9月底。最佳采摘时间在日出后半小时内，一般上午10~12时完成采摘，可以避免鲜叶水分含量过高的问题。

（3）采摘方法　手工或机械采摘。

 晒青毛茶加工

晒青毛茶的加工过程分为杀青、揉捻、晒干三道工序。

（1）杀青　分为炒制和蒸制两种。茎叶较嫩的鲜叶适于炒制，锅温180~200℃，注意焖、抖结合，杀透杀匀，以免翻叶不匀而产生茎叶夹生和烟焦现象。粗老的叶梗适于蒸制，一般多用大桶蒸，投入的茶叶要均匀按紧，盖好桶盖，烧火要均匀，保持水沸汽足，蒸至茶叶呈黄绿色即可。

（2）揉捻　是提高茶叶品质的主要环节，一般分初揉、堆积、复揉三步。揉后不抖散，堆积到第二天晒，晒至四五成干，叶质还较柔时复揉一次，使条索紧结，色泽油亮。根据原料老嫩灵活掌握，嫩叶轻揉，揉时短；老叶重揉，揉时长。机械、手工揉捻均可，一般机揉时间20~30分钟，手揉5分钟以上。

（3）晒干　将茶叶摊薄晒干，中间翻叶2~3次，以使水分均匀。雨季可烘干，烘干时注意防止产生烟味。足干的晒青毛茶含水率为10%。

足干的晒青毛茶自然陈放发酵一定年份成为普洱生茶散茶。

熟茶加工

晒青毛茶经人工"渥堆发酵"后，即可制成普洱熟茶散茶。

（1）渥堆　将晒好的茶叶堆匀，再泼水使茶叶吸水受潮，然后堆成一定厚度的茶堆，让其自然发酵。经过若干天堆积发酵以后，茶叶色泽变褐，散发出特殊的陈香味即可。

（2）晾干　渥堆适度后，扒开茶堆晾置，以散发水分，自然风干。

（3）筛分　干燥以后的茶叶，先解散团块，茶叶松散成条后，进行筛分分档即可。

晒青毛茶等级

晒青毛茶可分五等十级，即一等一级、二级，二等三级、四级，三等五级、六级，四等七级、八级，五等九级、十级。较嫩者制散茶、沱茶、方砖，次嫩者制饼茶，较粗的茶青可作为砖茶原料。

（二）饼茶和圆茶压制

 **原料标准**

饼茶（又称小饼茶）和圆茶（又称七子饼茶）有生饼、熟饼之分，分别是以晒青毛茶和熟茶散茶为原料进行压制的呈圆饼的紧压茶。

加工压制

饼茶和圆茶的压制过程分为称茶、蒸茶、压饼、干燥、包装等步骤。

（1）称茶　付制前，茶坯含水量如不到15%~18%，要先洒水回潮。然后按饼茶每饼净重125g、圆茶（七子饼茶）每饼净重357g，加上含水量准确称重。原料分底茶与盖茶，按比例分别称出待蒸。

（2）蒸茶　将原料放在152℃的蒸汽中蒸5秒左右，使叶子受热变软，含水量达18%~19%即可。

（3）压饼　蒸好的茶叶均匀铺放在模具中，先放底茶后放盖茶，压紧即可。

（4）定型脱模　冲压后放置约30分钟，以冷却定型，即可脱模。

（5）干燥　过去采用自然风干的方法，茶饼码放在凉架上，风干时间5~8天，多则十几天；现在改为烘房干燥，室温45℃左右，放置20小时左右即可达干燥程度。

（6）包装　饼茶重125g，4饼为一筒，用商标纸包装，75筒为一件，装在篾篮中，捆扎，每件净重37.5kg。圆茶（七子饼茶）重357g，用纸包，7饼为一筒，因此又称"七子饼茶"，用牛皮纸包装，12筒为一件，用胶合板箱包装，每件净重约30kg。

（三）紧茶制作

紧茶素以茶味浓郁、香气韧劲而著称，过去因运往西藏路途遥远，常因受潮而发生霉变，为在驮运过程中有足够的空间散发水分，防止霉变，紧茶逐渐形成了带把香菇的独有造型，并一直沿用至今。

原料标准

生茶、熟茶一般分别用三至八级晒青毛茶铺面，里茶为九、十级晒青毛茶。

🫖 加工制作

紧茶特殊的造型只能通过手工团揉制作完成。

（1）制作工具　主要有特制的铜蒸锅，茶袋，梭边，精工打磨过的揉茶石，加热能产生集中蒸汽并密封严实的铁锅、锅盖，以及凉架、竹箩、压茶石鼓、包装纸、笋叶等，操作过程中使用的木贡杆、棒槌、石鼓、铅饼、推动螺杆等。

（2）制作过程　分装茶、蒸茶、揉茶、称重、压茶、解茶、晾茶、包茶等工序。一般由多人组成一个加工组，装茶和揉茶的技术要求较高。

紧茶每个净重238g，每7个以竹笋叶包为一包，称成一筒；每18筒装为一篮，两篮为一担，约重60kg。紧茶之间要留有空隙，使水分能继续散发而不致霉变。

第四节　黑茶品质检验

虽然有"喝酒要陈，饮茶要新"的说法，但这点却并不适用于黑茶。不同于绿茶、花茶等品种，黑茶必须经过一定时间的储存陈化之后才能销售、饮用，甚至还有"越陈越佳，越陈越贵"的说法。虽然要求陈，但是在辨别、品鉴黑茶时，不同的品种对品质的要求也有所不同。

黑茶因产地、工艺差别以及销区人们喜好的差异而具有各自的特征。我国不同产地黑茶感官品质特征总结见表7-1。

表7-1　我国不同产地黑茶感官品质特征

产地	名称	外形	汤色	香气	滋味	叶底
湖南	天尖、贡尖、生尖	条索紧结、较圆直，色泽黑润	橙黄	纯和，带有松烟香	醇厚	黄褐匀嫩
	黑砖、花砖	砖形平整，花纹图案清晰	橙黄或橙红	纯正，或带松烟香	醇和或略涩	
	茯砖	菌花茂盛，色泽黑褐	橙黄	纯正，具有特殊的"菌花香"	醇厚或醇和	

产地	名称	外形	汤色	香气	滋味	叶底
四川	康砖、金尖	卷折成条，色泽棕褐油润	褐红明亮	纯正，具有老茶香、油香	醇和	棕褐粗老
	方包	方包四角稍紧，茶条色泽黄褐	红黄	稍带烟焦气	醇正	黄褐，含梗较多
湖北	青砖茶	砖片形态端正，平整光滑，色泽青褐	橙黄明亮	纯正，无青味	醇正	暗褐粗老
云南	普洱茶（熟）	条索肥壮、重实，色泽褐红，呈猪肝色或灰白色	红浓明亮	具有独特的陈香	醇厚回甜	厚实，呈褐红色
广西	六堡茶	黑润光泽	红浓	纯陈，带有松烟香味和槟榔味	甘醇爽口	呈铜褐色

一、安化黑茶品质检验

（一）花砖茶

花砖茶感官品质特征总结见表7-2。

表7-2　花砖茶感官品质特征

名称	外形	汤色	香气	滋味	叶底
特制花砖	砖面平整，花纹图案清晰，棱角分明，厚薄一致，乌黑油润，无霉菌	红黄	纯正，或带松烟香	醇厚微涩	黄褐，叶片尚匀整，带梗
普通花砖	砖面平整，花纹图案清晰，棱角分明，厚薄一致，色泽黑褐，无霉菌	橙黄	纯正，或带松烟香	浓厚微涩	棕褐，有梗

（二）黑砖茶

黑砖茶感官品质特征总结见表7-3。

表 7-3　黑砖茶感官品质特征

名称	外形	汤色	香气	滋味	叶底
特制黑砖	砖面平整，图案清晰，棱角分明，厚薄一致，色泽黑褐，无杂霉	红黄	纯正，或带高火香	醇厚微涩	黄褐或带棕褐，叶张完整，带梗
普通黑砖	砖面平整，图案清晰，棱角分明，厚薄一致，色泽黑褐，无杂霉	橙黄	纯正，或带松烟香	浓厚微涩	棕褐，叶张匀整，有梗

（三）茯砖茶

茯砖茶感官品质特征总结见表 7-4。

表 7-4　茯砖茶感官品质特征

名称	外形	汤色	香气	滋味	叶底
超级茯砖茶	松紧适宜，发花茂盛，外形规格一致	红黄	纯正，有菌花香	醇厚	黄褐，尚嫩，叶片尚匀整
特制茯砖茶	砖面平整，边角分明，厚薄基本一致，压制松紧适度，发花普遍茂盛	橙红	纯正，有菌花香	醇和	黄褐，叶片尚完整，显梗
普通茯砖茶	砖面平整，边角分明，厚薄基本一致，压制松紧适度，发花普遍茂盛	橙黄	纯正，有菌花香	醇和或纯和	棕褐或黄褐，显梗

（四）三尖茶

三尖茶感官品质特征总结见表 7-5。

表 7-5　三尖茶感官品质特征

名称	外形	汤色	香气	滋味	叶底
天尖茶	团块状，有一定结构力，搓散团块，茶叶紧结，扁直，乌黑油润	红黄	高纯	浓厚	黄褐夹带棕褐，叶张较完整，尚嫩，匀整
贡尖茶	团块状，有一定结构力，搓散团块，茶叶紧实，扁直，油黑带褐	橙红	尚高	醇厚	棕褐，叶张较完整

名称	外形	汤色	香气	滋味	叶底
生尖茶	团块状，有一定结构力，搓散团块，茶叶粗壮，呈泥鳅条，黑褐	橙黄	纯正	醇和尚浓	黑褐，宽大肥厚

（五）花卷茶

 外形

色泽黑褐，圆柱体，压制紧密，无蜂窝巢状，茶叶紧结或有"金花"。

 汤色

橙黄或橙红。

 香气

纯正，带松烟香、菌花香，10 年以上安化千两茶带陈香味。

 滋味

醇厚，新茶微涩，5 年以上安化千两茶醇和、甜润。

叶底

深褐，尚嫩匀，叶张较完整。

二、普洱茶品质检验

普洱散茶：以云南大叶种芽叶为原料，经杀青、揉捻、晒干等工序制成的各种嫩度的晒青毛茶，经熟成、整形、归堆、拼配、杀菌而形成各种级别的普洱芽茶及级别茶。

普洱压制茶：各种级别的普洱散茶半成品，根据市场需求使用机械压制成型的沱茶、紧茶、饼茶、砖茶、园茶及茶果等。

普洱袋泡茶：利用普洱散茶中的碎、片、末（40 目以上）自动计量装袋、包装的各种规格袋泡茶。

熟成是指云南大叶种晒青毛茶及其压制茶在良好的贮藏条件下长期贮存（10年以上），或云南大叶种晒青毛茶经人工渥堆发酵，使茶多酚等生化成分经氧化聚合水解系列生化反应，最终形成普洱茶特定品质的加工工序。

（一）基本要求

品质正常，无劣变、无异味。洁净，不含非茶类夹杂物。不得加入任何添加剂。

（二）感官品质

 晒青茶

晒青茶感官品质特征总结见表7-6。

表 7-6　晒青茶感官品质特征

等级	外形				内质			
	条索	色泽	整碎	净度	香气	滋味	汤色	叶底
特级	肥嫩紧结芽毫显	绿润	匀整	稍有嫩茎	清香浓郁	浓厚回甘	黄绿清净	柔嫩显芽
二级	肥壮紧结显毫	绿润	匀整	有嫩茎	清香尚浓	浓厚	黄绿明亮	嫩匀
四级	紧结	墨绿润泽	尚匀整	稍有梗片	清香	醇厚	绿黄	肥厚
六级	紧实	深绿	尚匀整	有梗片	纯正	醇和	绿黄	肥壮
八级	粗实	黄绿	尚匀整	梗片稍多	平和	平和	绿黄稍浊	粗壮
十级	粗松	黄褐	欠匀整	梗片较多	粗老	粗淡	黄浊	粗老

普洱茶（熟茶）散茶

普洱茶感官品质特征总结见表7-7。

表 7-7　普洱茶（熟茶）散茶感官品质特征

等级	外形				内质			
	条索	色泽	整碎	净度	香气	滋味	汤色	叶底
特级	紧细	红褐润显毫	匀整	匀净	陈香浓郁	浓醇干爽	红艳明亮	红褐柔嫩
一级	紧结	红褐润较显毫	匀整	匀净	陈香浓厚	浓醇回甘	红浓明亮	红褐较嫩
三级	尚紧结	褐润尚显毫	匀整	匀净带嫩梗	陈香纯浓	醇厚回甘	红浓明亮	红褐尚嫩
五级	紧实	褐尚润	匀齐	尚匀稍带梗	陈香尚浓	浓厚回甘	深红明亮	红褐欠嫩
七级	尚紧实	褐欠润	尚匀齐	尚匀带梗	陈香纯正	醇和回甘	褐红尚浓	红褐粗实
九级	粗松	褐稍花	欠匀齐	欠匀带梗片	陈香平和	纯正回甘	褐红尚浓	红褐粗松

🫖 普洱茶压制茶

（1）普洱茶（生茶）　紧压茶外形色泽墨绿，形状端正匀称、松紧适度、不起层脱面；洒面茶应包心不外露；内质香气清纯、滋味浓厚、汤色明亮，叶底肥厚黄绿。

（2）普洱茶（熟茶）　紧压茶外形色泽红褐，形状端正匀称、松紧适度、不起层脱面；洒面茶应包心不外露；内质汤色红浓明亮，香气独特陈香，滋味醇厚回甘，叶底红褐。

普洱压制茶感官品质特征总结见表 7-8。

表 7-8　普洱压制茶感官品质特征

名称	单位	净重（g）	形状规格（cm）	色泽	香气	滋味	汤色	叶底
普洱沱茶	个	100	碗臼形边口直径8.2高4.2	红褐油润略显毫	陈香润滑	醇厚滑润	深红明亮	褐红亮软

名称	单位	净重（g）	形状规格（cm）	色泽	香气	滋味	汤色	叶底
普洱紧茶	个	250	碗臼形 边口直径 10.2 高 5.6	红褐 尚润	陈香 显露	醇和 滑润	红浓 明亮	褐红 尚亮 较软
七子饼茶	个	357	圆饼形 直径 20.0±0.5 中心厚 2.5 边厚 1.3	红褐 油润 有毫	陈香 显露	醇和 滑润	深红 明亮	褐红 亮软
普洱砖茶	块	250	长方形 长 14.0× 宽 9.0× 高 3.0 长 15.0× 宽 10.0× 高 2.5	红褐 尚润 有毫	陈香 明显	醇和	红亮	红褐 尚亮 软
普洱 小沱茶	个	4±1	碗臼形 边口直径 1.5 高 1.0	红褐 尚润	陈香 纯正	醇和	红浓 明亮	褐红 尚亮 较软
普洱 小茶果	个	3.0	长方形 长 2.0× 宽 1.2× 高 0.8	红褐 尚润	陈香 纯正	醇和	深红 明亮	褐红 尚亮 柔软
普洱 小圆饼	个	100	圆饼形 直径 10.0±0.5 高 1.2	暗褐 润	陈香 纯正	醇和	深红 明亮	褐红 亮软

（三）理化指标

晒青茶、普洱茶（生茶）、普洱茶（熟茶）理化指标总结见表 7-9。

表 7-9　晒青茶、普洱茶（生茶）、普洱茶（熟茶）理化指标

项目	晒青茶	普洱茶（生茶）	普洱茶（熟茶）	
			散茶	紧压茶
水分 /%（质量分数）≤	10.0	13.0*	12.0*	12.5*
总灰分 /%（质量分数）≤	7.5	7.5	8.0	8.5
粉末 /%（质量分数）≤	0.8	—	0.8	—

项目	晒青茶	普洱茶（生茶）	普洱茶（熟茶）	
			散茶	紧压茶
水浸出物 /%（质量分数）≥	35.0	35.0	28.0	28.0
茶多酚 /%（质量分数）≥	28.0	28.0	15.0	15.0
粗纤维 /%（质量分数）≤	—	—	14.0	15.0

注：★表示净含量检验时计重水分为 10.0%。

普洱茶净含量负偏差指标总结见表 7-10。

表 7-10　普洱茶净含量负偏差指标

净含量 Q	负偏差	
	占净含量的百分比（%）	g
5~50g	9	—
50~100g	—	4.5
100~200g	4.5	—
200~300g	—	9
300~500g	3	—
500~1000g	—	15
1~10kg	1.5	—
10~15kg	—	150
15~20kg	1.0	—

（四）卫生指标

晒青茶及普洱茶应符合表 7-11 的卫生指标规定。

表 7-11　晒青茶及普洱茶卫生指标

项目	指标
铅（以 Pb 计）/（mg/kg）≤	5.0
稀土 /（mg/kg）≤	2.0

项目	指标
氯菊酯 /（mg/kg）≤	20
联苯菊酯 /（mg/kg）≤	5.0
氯氰菊酯（mg/kg）≤	0.5
溴氰菊酯 /（mg/kg）≤	5.0
顺式氰戊菊酯 /（mg/kg）≤	2.0
氟氰戊菊酯 /（mg/kg）≤	20
乐果 /（mg/kg）≤	0.1
六六六（HCH）/（mg/kg）≤	0.2
敌敌畏 /（mg/kg）≤	0.1
滴滴涕（DDT）/（mg/kg）≤	0.2
杀螟硫磷 /（mg/kg）≤	0.5
喹硫磷 /（mg/kg）≤	0.2
乙酰甲胺磷 /（mg/kg）≤	0.1
大肠菌群 /（MPN/100g）≤	300
致病菌（沙门菌、志贺菌、金黄色葡萄球菌、溶血性链球菌）	不得检出

注：其他安全指标按国家相关规定执行。

第五节　经典黑茶

一、湖南黑茶

安化黑茶是采用湖南雪峰山脉茶区大中叶群体品种的鲜叶，经过杀青、揉捻、渥堆、松柴明火干燥等四大工艺加工而成的，具有色泽黑褐油润，滋味醇和或微涩，汤色红明艳亮，略带独特松烟香的品质特征。

湖南安化地区所产的黑茶与其他类发酵茶不同，具有独特的加工工艺，尤其通过调节天然微生物参与茶叶的生产过程，使其具有一定的药理作用。

湖南安化黑茶的两个特优品种"千两茶"和"茯砖",对降低血压、血脂和血糖具有显著的效果,对调节人体内脂肪代谢分布、非药物健康调控体重具有十分重要的帮助。

千两茶 千两茶鲜叶原料一般采用大叶种茶树,采摘标准为一芽四、五叶及成熟对夹叶,此类鲜叶制成的干毛茶一般为六等二级、七等三级、八等三级。千两茶经过破碎、筛分、发酵、蒸制、机压、烘干等工艺精制而成。千两茶外形为圆柱体,每支茶长 1.5~1.65m,直径 0.2m 左右,净重约 36.25kg。圆柱内部有金花,色泽乌黑,汤色橙黄清澈,香气陈香持久,滋味醇厚绵长,叶底红褐。饮用千两茶可以感受到茶味十足,滋味甜润醇厚,还能提神、解腻,促进血液循环,帮助消化,对缓解腹胀、止泻有明显功效。此外,千两茶还具有减肥的功能,因而受到国内外消费者的青睐。

黑砖茶 黑砖茶由毛茶经过筛分、风选、破碎、拼堆等工序制成。外形砖面平整光滑,棱角分明,色泽红褐,汤色黄红稍褐,香气纯正,滋味较浓醇,叶底红褐。

茯砖茶 茯砖茶压制要经过原料处理、蒸汽渥堆、压制定型、发花干燥、成品包装等工序。外形砖面平整,长方形,棱角紧结、整齐,黄褐色或黑褐色,汤色橙红,香气纯正,滋味醇和,叶底厚实。

天尖茶 天尖茶以春、秋茶为主,以芽尖为主。将鲜嫩叶杀青、揉捻、渥堆、烘焙而成。外形条索紧结,较圆直,色泽乌黑油润,香气纯和且带松烟香,汤色橙黄,滋味醇厚,叶底黄褐尚嫩。

二、普洱茶

普洱茶为中国十大名茶之一,以其集散地与原产地之一的云南省普洱县(现宁洱县)命名。元朝时称之为普茶,明朝万历年间才定名为普洱茶。

（一）普洱散茶

普洱压制茶由普洱散茶经高温蒸压塑形而成，因此普洱散茶的质量决定了云南整个普洱茶的质量。普洱茶散茶品质特征：外形条索粗壮肥大、完整，色泽乌润或褐红（俗称猪肝色）或带有灰白色；内质汤色红亮，陈香明显，滋味醇厚回甘，具有独特的陈香，叶底褐红色。

（二）普洱压制茶

以普洱散茶为原料经蒸压烘干加工而成的为压制普洱茶，按蒸压的形状不同，其压制的成品有燕窝形（或似碗形）的普洱沱茶、圆饼形的云南七子饼茶、长方形的普洱砖茶、正方形的普洱方茶、小砖形紧茶（原为有柄的心脏形紧茶）和各种造型特异的普洱压制茶。

普洱压制茶品质特征：外形端正，松紧适度，规格一致；内质汤色红浓明亮，具有独特的陈香，滋味醇厚回甜，叶底红褐，

沱茶

沱茶原产于云南省景谷县，又称"谷茶"。沱茶依原料不同，有云南沱茶（绿茶沱茶）和云南普洱沱茶。

云南普洱沱茶（黑茶沱茶），以普洱散茶为原料，经蒸压成碗形，外径 8cm，高 4.5cm。普洱沱茶品质特征：外形碗臼状，紧结，色泽褐红；内质汤色红浓明亮，有独特的陈香，滋味醇厚回甘，叶底稍粗，猪肝色。云南沱茶具有明显的降血脂功效。

饼茶

饼茶主要产于云南省下关茶厂。饼茶是一种圆饼形的蒸压黑茶，因其大小规格比圆茶小，故又称"小饼茶"。创制于 19 世纪末和 20 世纪初。饼茶规格：直径 11.6cm，边厚 1.3cm，中心厚 1.6cm；块重 125g，4 块装一筒，75 筒为一件，总重 37.5kg，用 63cm×30cm×60cm 内衬笋叶的竹篓包装。

成品茶品质特征：外形端正，切口平整，色泽尚乌，有白毫；内质汤色橙黄，香气纯和，滋味醇正，叶底尚嫩、欠匀。

该茶主销滇、川、藏三地毗邻的少数民族地区，包括金沙江和澜沧江上游两岸各县、丽江地区、迪庆藏族自治州。

圆茶（七子饼茶）

圆茶原产于云南省西双版纳地区，以易武（现思茅县东南）为最多。现由勐海县生产，昆明、景东、下关（现大理市）等也有压制。

圆茶是圆饼形的蒸压黑茶，直径 20cm，中心厚 2.5cm，边厚 1.3cm；块重 357g，包装时每筒装 7 块。因这种圆饼茶比小饼茶大，所以也称大饼茶或七子饼茶。

成品茶品质特征：外形圆整，洒面均匀显毫，色泽尚乌油润，有白毫；内质汤色橙红明亮，香气纯正，有特殊的陈香味，滋味醇和可口，叶底猪肝色尚嫩欠匀。

圆茶除内销云南、广东等省外，历史上还行销越南、老挝、缅甸、泰国、印度尼西亚、马来西亚等国，现我国香港、澳门地区也有一定销量。

紧茶

紧茶由云南省景东、景谷、勐海和下关茶厂加工压制，属黑茶类压制茶。过去蒸压成带柄的心脏形，1957 年改为长方形。

紧茶选用二至五级滇青为主要原料，配用少量红绿副茶，规格为 15cm×10cm×2.2cm，块重 250g，每筒 4 块，30 筒为一件，每件净重 30kg。用 48cm×27cm×16cm 内衬笋叶的竹篓捆扎包装。

成品茶品质特征：外形长方形小砖块（或心脏形），表面紧实、厚薄均匀，砖形端正，色泽尚乌有白毫；内质汤色橙红尚明，香气纯正，滋味浓厚，叶底尚嫩欠匀。

该茶主销西藏及云南省丽江市、迪庆州各县，四川省也有少量销售。

三、六堡茶

六堡茶原指产于广西苍梧县六堡乡的黑茶，后来发展到广西 20 多个县。其制茶史可追溯到 1500 多年前，清嘉庆年间它就已被列为全国名茶。六堡茶采摘一芽二、三叶，经摊青、低温杀青、揉捻、渥堆、干燥制作而成。叶底红褐色，汤色橙黄明亮。口味浓醇甘和，有槟榔香气。条索紧结，色泽黑褐，有光泽。优质六堡茶有不同程度的苦涩，但在口里会甘甜生津，让人有"峰回路转"的愉悦。人们为了便于存放六堡茶，通常将其压制加工成圆柱状、块状、砖状、散状等；分为特级、一至六级，主销我国两广、港澳地区，外销东南亚。六堡茶的制作工序分为筛选、拼配、渥堆、汽蒸、压制成型、陈化六道工序。筛选要求：将毛茶筛分、风选、拣梗。拼配要求：按品质和等级进行分级拼配。渥堆要求：根据茶叶等级和气候条件，进行渥堆发酵，适时翻堆散热，叶色变褐发出醇香。汽蒸要求：渥堆适度，茶叶经蒸汽蒸软，形成散茶。压制成型，即趁热将散茶压成篓、砖、饼、沱等形状。陈化要求清洁、阴凉、干爽。

四、湖北老青茶

老青茶产于湖北咸宁地区的蒲圻（现赤壁市）、咸宁、通山、崇阳、通城等地，别称"青砖茶"。据《湖北通志》记载："同治十年，重订崇、嘉、蒲、宁、城、山六县各局卡抽派茶厘章程中，列有黑茶及老茶二项。"这里的"老茶"即老青茶。其质量高低取决于鲜叶的质量和制茶技术。青砖茶的压制分洒面、二面和里茶三个部分。其中，一级茶（洒面）条索较紧，稍带白梗，色泽乌绿；二级茶（二面）叶子成条，红梗为主，叶色乌绿微黄；三级茶（里茶）叶面卷皱，红梗，叶色乌绿带花，花梗以当年新梢为度。叶底暗黑显粗老，汤色红黄尚明。滋味尚浓无青气。色泽红褐，香气纯正。优质的老青茶干茶为红褐色；冲泡后汤色红黄明亮，叶底暗黑粗老，滋味浓厚无青气。老青茶鲜叶采摘后先加工成毛茶。面茶分杀青、初揉、初晒、复炒、复揉、渥堆、晒干等七道工序。里茶分杀青、揉捻、渥堆、晒干等四道工序，制成毛茶。毛茶再经筛分、压制、干燥、包装后，制成青砖成品茶。

五、四川边茶

　　四川边茶是产于四川黑茶的统称。其生长在海拔 580~1800m 的丘陵和山区，土壤为黄壤、红紫土及山地棕壤，呈酸性或微酸性，自然生态循环形成的有机质和矿物质丰富。四川边茶分为"西路边茶"和"南路边茶"两类。西路边茶是压制茯砖和方包茶的原料。南路边茶是压制砖茶和金尖茶的原料。南路边茶原料粗老，并包含一部分茶梗，经熬耐泡，是专销藏族地区的一类紧压茶。西路边茶原料比南路边茶更为粗老，以采割 1~2 年的生枝条为原料，是一种最粗老的茶叶。叶底棕褐粗老，汤色暗红明亮。滋味平和，叶张卷折成条，色泽棕褐。香气纯正，陈茶有特殊的花香或"熟绿豆香"。四川边茶的产区大都实行粗细兼采制度，一般在春茶采摘一次细茶之后，再采割边茶。采摘后的茶叶经杀青、晒干即可。南路边茶制作工序较烦琐。其做砖茶的传统做法，最多的要经过一炒、三蒸、三踩、四堆、四晒、二拣、一筛共十八道工序，最少的也要经过十四道工序。西路边茶的毛茶色泽枯黄，用于茯砖的原料茶含梗量约 20%，而用于方包茶的原料茶含梗约 60%。

参考文献

付赢萱. 不同类别普洱茶的特性及其渥堆发酵研究［D］. 华南理工大学，2016.

陈龙. 黑茶品鉴［M］. 北京：电子工业出版社，2015.

陈社行. 黑茶全传［M］. 北京：中华工商联合出版社，2014.

谌滢. 黑茶陈化过程中品质转化研究［D］. 湖南农业大学，2018.

何华锋，朱宏凯，董春旺，等. 黑茶香气化学研究进展［J］. 茶叶科学，2015，35（02）：121-129.

黑茶加工

第八章

再加工茶

GB/T 30766—2014《茶叶分类》规定，再加工茶（reprocessing tea）是以茶叶为原料，采用特定工艺加工的、供人们饮用或食用的产品。根据茶叶原料和加工工艺的不同，可分为花茶、紧压茶、袋泡茶和粉茶四种。

第一节 花茶

花茶是以茶叶和鲜花为原料，将鲜花窨制后加入整形过的茶叶中，经干燥等加工工艺制成的产品，其中绿茶、红茶以及乌龙茶多为花茶的茶坯。利用鲜花的吐香以及茶叶的吸香原理制成具有独特香气和香味的花茶。

不同的鲜花配上不同的茶叶，使每一种花茶具有特殊的功效。如桂花具有养胃、清新口气、促眠安神等功效；茉莉花具有理气和胃、预防糖尿病、缓解痛经、消除疲惫的作用；玫瑰花具有美容养颜的功效；桃花具有活血化瘀、利水消肿的作用；洛神花具有护嗓消炎的功效。配上具有消炎、解毒醒酒、降脂降压等功效的红茶，具有抗衰老、防辐射、抑制心血管疾病、减肥的绿茶，具有抗氧化、减肥、预防糖尿病的乌龙茶。在了解鲜花和茶叶的主要功效后，即可根据需要配成适合自身的花茶。

一、花茶窨制原理

（一）鲜花的吐香原理

鲜花的吐香是通过窨制工艺，花的芳香气味被茶叶吸收，以达到花香与茶香融合的目的。鲜花中含有芳香油物质，所以具有丰富的香气。同时，因为鲜花中芳香物质的组分、状态、性质不同，鲜花的吐香特性也不同。

（二）茶叶的吸香原理

茶叶的吸香是在一定温度的水中将鲜花中的芳香物质吸收。随着水分的蒸发，鲜花中的芳香物质会挥发、扩散，从而被茶坯所吸收，经过一系列物理、化学和生化反应，形成茶与花两种香型的调和香味。

茶坯的吸香与距离有关，茶坯与鲜花的距离越小，吸附量越多；另外，还与温度相关，温度越高，花香挥发快，浓度大，茶坯吸附量越多。但不同的鲜花适宜吐香的温度不一样，如茉莉花为 30~40℃；此外，吸附量还与含水量、环境的湿度有关。环境相对湿度 70%~90%，低于或超过此范围，会造成鲜花吐香困难。

二、茉莉花茶

茉莉花茶是将茉莉花进行窨制后配上茶叶制成的花茶，具有理气和胃、预防糖尿病等功效。大多用绿茶作为茶坯，也可配以乌龙茶或红茶，起到调理气血、减脂降压的功效。中国的茉莉花茶风味远比西方简单混合而成的茉莉花茶醇厚。

（一）加工的理论基础和加工技术

茉莉花茶中的生物活性物质，如多酚类、儿茶素类会随窨制的次数而稍有减少，其中茶黄素、茶红素总量呈现出先增加后减少的趋势，而茶褐素含量则随窨制次数增加而增加。茉莉花茶加工工艺流程如下：

茶坯→复火→冷却→窨制→干燥→冷却→提花→成品

🫖 传统窨制技术

茉莉花传统加工工序分为茶坯处理、鲜花养护、茶花拌和、窨花、通花、起花、复火续窨提花、匀堆装箱等多道工序。工艺历时较长，"三窨一提"工艺流程需半个月以上：复火→冷却（2~3天）→第一窨（1天）→干燥→冷却（2~3天）→第二窨（1天）→干燥→冷却（2~3天）→第三窨（1天）→干燥→冷却（2~3天）→提花（1天）→包装装箱。茶坯窨制前的适宜含水率应低于4.5%，在此范围内茶坯愈干燥，吸香能力愈强，反之则愈弱。因此要求茶坯进行反复多次复火，并严格遵守"高温、快速、安全"的烘干原则，以保证茶坯具有较强的吸附能力。

🫖 湿坯连窨技术

湿坯连窨是指将不烘坯、头窨或压花后的湿坯直接转入第二窨的技术。采用"连窨"新工艺和湿坯窨制工艺能够保护茉莉鲜花生机，提高其吐香能力和利用率，新工艺窨制后的茉莉花茶产品香气鲜灵、滋味纯正而爽口；茉莉花茶湿坯连窨新工艺不仅解决了传统窨制工艺中存在的问题，还节省了大量的成本。湿坯连窨新技术因工艺简化，配花量减少，窨制烘干次数减少，生产周期短，生产成本降低。

湿坯连窨技术是将精制后的茶坯（含水率在7%~10%）直接与鲜花进行连续两次窨制，中间不必复火转为摊凉，第一次窨后茶叶含水率为16%~18%。连窨后茶叶含水率为20%~30%，两窨后起花立即进行干燥2天，再进行第三次窨制，最后干燥冷却提花。堆温是连窨技术中的一个关键因子，影响鲜花的吐香和茶坯的吸香。一般控制堆温在37~48℃之间。较低堆温窨制的茉莉花茶香气浓度总不及较高堆温窨制出的茉莉花茶香气浓度，适宜的高温有利于茶坯对香气的吸附，且可促进茉莉花茶滋味醇和、汤色绿黄的形成；在摊凉期间如果处理不当，会导致茶坯中固有的芳香物质在高水分和水热条件下产生发酵作用，使叶底变暗，汤色混浊，香气不鲜灵，滋味不鲜爽。特别是霉菌易迅速生长繁殖，使成品茶变质出现异味。因此，湿坯摊凉技术的要求很高。

🫖 新型窨制工艺技术

为实现"低成本、高效益、高品质"的生产目的，人们在湿坯连窨的基础上进一步探索和创新。如隔离窨花、高压喷香、机械附香、电子辐照。

一种创新型花茶真空窨机的原理就是将鲜花置于真空箱子中，使茶坯周围形成浓厚的香气层，在浓度梯度差和真空泵放气产生压力的作用下，促使水汽和香气凝聚体迅速向茶坯内部渗透扩散，有效地提高了茶坯的吸香能力，整个窨制时间2~3小时；在对花茶素坯类型进行一系列研究后，得到以烘为主的半烘炒青为适制花茶的最佳素坯原料；在烘坯、不烘坯、不烘坯湿坯连窨进行窨制中，不烘坯湿窨的花茶品质最佳，其香气浓厚，滋味鲜爽，且湿坯水分大，可维持鲜花生机，大大提高了鲜花的利用率。不同茶坯外形采用不同的窨制方法，全烘茶外表疏松粗糙，毛孔开张，吸附能力相对较大，采用"连窨工艺"；全炒茶坯外表紧结光亮，毛孔严密，吸附能力弱；半烘半炒的茶坯外形均匀，应用"增湿连窨工艺"。可达到窨制一致的目的，而且在花源、劳力、能源等方面也得到极大节约。

（二）功效

降血脂 **抗氧化**　茉莉花茶具有抗氧化活性和降血脂作用，这是由于其含有表没食子儿茶素和表儿茶素。茉莉花茶降血脂机理并非降低胆固醇的合成，而是减少人体对食品中胆固醇和脂肪的吸收。适量饮用茉莉花茶对于防止血脂升高，预防动脉粥样硬化，保护肝肾是有益的。

抗病毒 **杀菌**　茉莉花茶有很好的杀菌消炎功效，茶叶中的茶多酚和茶色素有抑制细菌生长的作用，如用茶漱口可以治疗口腔溃疡及牙龈肿痛。

免疫力 **增强**　人体的免疫力反映了对疾病的抵抗能力。茉莉花茶对免疫器官的重量、外周血T淋巴细胞数量、淋巴细胞对Con A刺激反应、溶血素抗体水平均有不同程度的影响。

（三）检验标准

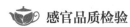 **感官品质检验**

茉莉烘青的特征是外形茶条紧结匀细，色泽绿中泛黄，香气鲜灵纯正，保持茉莉花鲜香不闷不浊，滋味鲜醇甘爽，汤色黄亮，叶底匀亮，茉莉花干洁白或略黄。

一看外形：对照花茶级型坯标准，评条索、嫩度、整碎和净度，但窨花后有条索略松，干茶色泽带黄的变化。二评内质：由于在窨制花茶过程中，未能把花干全部取出，而花干香味异杂，会影响花茶质量，故在审评前必须拣去花干，尤其是茉莉花茶更不应含有过多的花瓣和花渣，否则成品花茶味涩、香低。花干包括花瓣和花渣，其中花瓣为花茶中含有的香花碎片；花渣为花茶中含有的废花干，干的茉莉花渣并无香气，但玫瑰红茶中应含有玫瑰花瓣。

开汤后嗅香气、看汤色、尝滋味、看叶底。花茶品质以香味为主，从鲜、浓、纯三方面评定，汤色比素坯深，滋味较醇厚，叶底看嫩度和匀度。

根据 GB/T 22292—2017《茉莉花茶》中的分类，茉莉花茶根据茶坯原料不同，分为烘青茉莉花茶、炒青（含半烘炒）茉莉花茶、碎茶和片茶茉莉花茶。具体感官品质特征见表 8-1 至表 8-4。

表 8-1　特种烘青茉莉花茶感官品质特征

名称	外形				内质			
	形状	整碎	净度	色泽	香气	滋味	汤色	叶底
造型茶	芽针形、兰花形或其他特殊造型	匀整	洁净	黄褐润	鲜灵浓郁持久	鲜汤醇厚	嫩黄清澈明亮	嫩黄绿明亮
大白毫	肥壮紧直重实，满披白毫	匀整	洁净	黄褐银润	鲜灵浓郁持久幽长	鲜爽醇厚甘滑	浅黄或杏黄鲜艳明亮	肥嫩多芽嫩黄绿匀亮
毛尖	毫芽细秀紧结平伏白毫显露	匀整	洁净	黄褐油润	鲜灵浓郁持久清幽	鲜爽甘醇	浅黄或杏黄清澈明亮	细嫩显芽嫩黄绿匀亮

名称	外形				内质			
	形状	整碎	净度	色泽	香气	滋味	汤色	叶底
毛峰	紧结肥壮毫峰显露	匀整	洁净	黄褐润	鲜灵浓郁高长	鲜爽浓醇	浅黄或杏黄清澈明亮	肥嫩显芽嫩绿匀亮
银毫	紧结肥壮平伏，毫芽显露	匀整	洁净	黄褐油润	鲜灵浓郁	鲜爽醇厚	浅黄或黄清澈明亮	肥嫩黄绿匀亮
春毫	紧结细嫩平伏，毫芽较显	匀整	洁净	黄褐润	鲜灵浓纯	鲜爽浓醇	黄明亮	嫩匀黄绿匀亮
香毫	紧结显毫	匀整	净	黄润	鲜灵纯正	鲜浓醇	黄明亮	嫩匀黄绿匀亮

表 8-2　烘青茉莉花茶各等级感官品质特征

等级	外形				内质			
	条索	整碎	净度	色泽	香气	滋味	汤色	叶底
特级	细紧或肥壮，有锋苗有毫	匀整	净	绿黄润	鲜浓持久	浓醇爽	黄亮	嫩软匀齐黄绿明亮
一级	紧结，有锋苗	匀整	尚净	绿黄尚润	鲜浓	浓醇	黄明	嫩匀黄绿明亮
二级	尚紧结	尚匀整	稍有嫩茎	绿黄	尚鲜浓	尚浓醇	黄尚亮	嫩尚匀黄绿亮
三级	尚紧	尚匀整	有嫩茎	尚绿黄	尚浓	醇和	黄尚明	嫩尚匀黄绿
四级	稍松	尚匀	有茎梗	黄稍暗	香薄	尚醇和	黄欠亮	稍有摊张绿黄
五级	稍粗松	尚匀	有梗枯	黄稍枯	香弱	稍粗	黄较暗	稍粗大黄稍暗

表 8-3　炒青（含半烘炒）茉莉花茶各等级感官品质特征

等级	外形				内质			
	条索	整碎	净度	色泽	香气	滋味	汤色	叶底
特种	扁平、卷曲、圆珠或其他特殊造型	匀整	净	黄绿或黄褐润	鲜灵浓郁持久	鲜浓醇爽	浅黄或黄明亮	细嫩或肥嫩匀黄绿明亮
特级	紧结显锋苗	匀整	洁净	绿黄润	鲜浓纯	浓醇	黄亮	嫩匀黄绿明亮
一级	紧结	匀整	净	绿黄尚润	浓尚鲜	浓尚醇	黄明	尚嫩匀黄绿尚亮
二级	紧实	匀整	稍有嫩茎	绿黄	浓	尚浓醇	黄尚亮	尚匀黄绿
三级	尚紧实	尚匀整	有茎梗	尚绿黄	尚浓	尚浓	黄尚明	欠匀绿黄
四级	粗实	尚匀整	带梗朴	黄稍暗	香弱	平和	黄欠亮	稍有摊张黄
五级	稍粗松	尚匀	多梗朴	黄稍枯	香浮	稍粗	黄较暗	稍粗黄稍暗

表 8-4　茉莉花茶碎茶和片茶感官品质特征

名称	感官品质
碎茶	通过紧门筛（筛网孔径 0.8~1.6mm）洁净重实的颗粒茶，有花香，滋味尚醇
片茶	通过紧门筛（筛网孔径 0.8~1.6mm）轻质片状茶，有花香，滋味尚纯

🫖 理化指标检验

GB/T 22292—2017《茉莉花茶》规定了茉莉花茶的水分（GB/T 8304）、水浸出物（GB/T 8305）、总灰分（GB/T 8306）、粉末和碎茶含量（GB/T 8311）。各理化指标总结见表 8-5。

表 8-5　茉莉花茶理化指标

项目	特种、特级、一级、二级	三级、四级、五级	碎茶	片茶
水分 /%（质量分数）≤	8.5	8.5	8.5	8.5

项目	特种、特级、 一级、二级	三级、四级、 五级	碎茶	片茶
总灰分/%（质量分数）≤	6.5	6.5	7.0	7.0
水浸出物/%（质量分数）≤	34.0	32.0	32.0	32.0
粉末/%（质量分数）≤	1.0	1.2	3.0	7.0
茉莉花干/%（质量分数）≤	1.0	1.5	1.5	1.5

（1）取样　按 GB/T 8302—2013《茶取样》的规定执行，按四分法缩样至 200g 左右。

（2）检验步骤　用托盘天平（精确度 0.1g），准确称取样品 100g（精确至 0.1g），拣出花干和花托，称量（精确至 0.1g）。

（3）计算　茉莉花干含量按下式计算。

$$茉莉花干 = \frac{m_1}{m_0} \times 100\%$$

式中，m_0 为花干和花托的总质量，单位为克（g）；m_1 为试样总质量，单位为克（g）。

（4）重复性　在重复条件下，同一样品测定结果的绝对值差值不得超过算术平均值的 5%。

三、桂花乌龙茶

桂花乌龙茶是将桂花与乌龙茶混合窨制而成，具有补血活气、调节皮肤油脂分泌等功效。经过再加工之后，茶味转醇，香气浓郁，颇具特色。

（一）加工的理论基础和加工技术

桂花乌龙茶加工工艺流程如下：

茶坯→净花→囤窨→通花→烘焙→成品

茶坯

一般使用当年的夏茶为原料，花期前一个月，即经筛分、拣剔并筛去下段茶以利窨制。茶坯的水分含量以 5%~6% 为宜。

净花

收购的毛花需经筛分，把花梗、花叶及杂质筛除。花的水分含量偏大者，还需摊凉处理散发部分水分。

囤窨

为使茶与花充分接触，力求茶与花拌和均匀。茶花的配比，一般为100：40，拌匀后囤堆成长方形块堆，高度 40~50cm。如室温较低，即在28℃以下，堆面需加盖帆布。室温偏高时，囤堆的高度则应适当降低。一般囤堆过程坯温逐渐升高至 35~40℃，超过 42℃，即需要通花。囤窨历时10~12 小时。

通花

囤窨 5~6 小时后堆温升高，当其超过 42℃，手触茶叶松软，底层有湿感，花色失鲜时，即应翻堆通凉，然后再收堆继续囤窨。

烘焙

通过长时间囤窨，花香被茶叶充分吸收，花朵呈萎蔫状态，色转赤红，即应解囤散堆，不起花进行烘焙，焙干的桂花乌龙茶，花干仍保留在茶里。成茶的含水量控制在 5%~6%。

（二）功效

活血补气、消除疲劳、缓解压力，调节皮肤的油脂分泌。

（三）检验标准

感官品质检验

桂花茶有较浓的桂花香，但不鲜灵，汤色黄绿，茶中所含干花色泽黄的为上品。

根据 GH/T 1117—2015《桂花茶》中对桂花乌龙茶的要求，乌龙茶应符合 GB/T 30357.1 的规定。具体感官品质特征见表 8-6。

表 8-6 桂花乌龙茶感官品质特征

等级	外形				内质			
	条索	整碎	色泽	净度	香气	滋味	汤色	叶底
特级	肥壮紧结重实	匀整	乌润	洁净	浓郁持久桂花香明	醇厚回甘桂花香明	橙黄清澈	肥厚、较亮匀整
一级	较肥壮结实	较匀整	较乌润	净	清高持久桂花香明	醇厚有桂花香	深橙黄清澈	尚软亮匀整
二级	稍肥壮略结实	尚匀整	尚乌润	尚净稍有嫩幼梗	桂花香尚清高	醇和有桂花香	橙黄深黄	稍软亮略匀整

理化指标检验

GH/T 1117—2015《桂花茶》规定了桂花的水分（GB/T 8304）、水浸出物（GB/T 8305）、总灰分（GB/T 8306）、粉末（GB/T 8311）。花干检验同茉莉花干的检验。各理化指标总结见表 8-7。

表 8-7 桂花乌龙茶理化指标

项目	理化指标
水分 /%（质量分数）≤	8.0
总灰分 /%（质量分数）≤	6.5
水浸出物 /%（质量分数）≤	32.0
粉末 /%（质量分数）≤	1.0
花干 /%（质量分数）≤	1.0

四、碧潭飘雪

碧潭飘雪是一种花茶，产于四川峨眉山。采花时间在晴日午后，挑雪

白晶莹、含苞待放的花蕾，赶在开花前择花，使茶叶趁鲜抢香，再以手工精心窨制。碧——茶的色；潭——茶碗；飘——花瓣浮飘水面，香味四溢；雪——洁白茉莉。颜色是清新透亮的绿，上面飘浮着白色的花瓣，茶香花香淡淡的，却经久停留在唇齿之间。

碧潭飘雪外形紧细挺秀，白毫显露，香气持久，回味甘醇。采用早春嫩芽为茶坯，与含苞未放的茉莉鲜花混合窨制而成，花香、茶香交融，并保留干花瓣在茶中。冲泡后茶汤黄亮清澈，朵朵白花漂浮其上，如同天降瑞雪，颇具观赏性和美感，香气清悠品味高雅，有浓郁的茉莉花香气，泡饮时应选用盖碗泡饮，可看到就像碧潭上飘了一层雪。看那叶似鹊嘴，形如秀柳，汤呈青绿，清澈得叶片可数。水面点点白雪，色彩有对比，淡雅适度，此茶不仅醇香可口，更有观赏价值。

第二节　青柑普洱茶

青柑普洱茶是用广东新会的大红柑或小青柑和普洱茶为原料，经晒制而成的茶，是普洱茶的一种。在广东的新会，把陈皮当茶进行泡饮更是自古便有的习俗。制作过程中普洱茶吸附柑橘皮的香气，使得青柑普洱茶具有甘醇的独特味道。

一、加工的理论基础和加工技术

青柑普洱茶加工工艺流程如下：

新鲜柑橘顶部开小洞→挖走果肉→普洱茶填入→干燥→成品

🫖 挖果工序

新会柑在未完全成熟时，果肉与果壳结合较紧，果壳由于水分足，纤维结构松散，显得皮脆易烂。因此人工挖肉存在"轻挖挖不动，用力皮会破"的担忧。挖果的工序十分需要技巧，但熟练的工人可以快速地将柑橘肉挖出来，同时不破坏橘皮的完整性。有一些工厂使用挖果机替代人力进行挖果。

 **干燥工序**

传统的干燥方式为天然晾晒，果皮中的挥发油在阳光的热力下渗透进普洱茶叶中，被茶叶吸收，这个过程必须有好天气和足够大的场所配合。一般采用低温烘干工艺，温度控制在 45~55℃，干燥 48 小时左右。虽然这种方法生产出来的柑普茶保留了柑皮的香味，但挥发油也避免不了损失，柑皮上的油囊会因温度快速升高而老化、爆裂。

二、功效

青柑普洱茶因为其中含有茶多酚和橙皮苷，从而具有青柑和普洱的双重功效，如化痰理气、降压减脂、暖胃暖身等。因此，青柑普洱茶无论是在味道还是功效方面，两者都相得益彰、彼此加持。

第三节　药茶——代饮茶

代饮茶是一类不属于传统茶叶，但具有保健功效的茶，如罗布麻茶、桑叶茶等。它们可以像茶一样冲泡、煎煮后饮用。

一、罗布麻茶

罗布麻主要生长在沙漠盐碱地或河岸、山坡上，其中新疆沙漠地区的罗布麻品质最佳。罗布麻茶作为代饮茶中的一种，因其含有黄酮类、甾醇类、糖苷类、氨基酸类等功能活性成分，而具有降压降脂、润肠通便、强心利尿等功效。

罗布麻叶被收载于《中国药典》（2020 年版）一部，性味归经：甘、苦、凉，归肝经。有平肝安神，清热利水之功能。主治肝阳眩晕，心悸失眠，浮肿尿少。

（一）加工的理论基础和加工技术

罗布麻茶加工工艺流程如下：

选叶→复软→摊凉→杀青与揉捻→炒干→烘干→成品

 选叶

从原料干叶中剔出枯黄叶、虫眼叶、锈斑叶、粗梗及其他杂质。

 复软

将选好的干叶用冷水冲除泥土后，加少量冷水浸泡 15~18 小时，直至叶片含水量增至 60%~65%。

 摊凉

将复软的叶片摊在竹箩内晾至叶片表面水分散发，叶片互不粘连。

 杀青与揉捻

采用平底锅，以沙浴方式加热。待锅内温度达到 180~200℃时投料，不断地上下翻动、抖开，操作要迅速、灵敏。杀青要匀，不可炒焦。炒 2~3 分钟，至叶脉柔软不断即成。将杀青后的叶子摊凉片刻，然后揉成条索状。

 炒干

揉捻后的叶片置于竹箩内 30 分钟，固定外形后，投入锅内炒 12~15 分钟，锅温以 120~140℃为宜。炒至可听见声响，叶片颜色由浅色变为黑绿色即可。

 烘干

叶片炒干后放入烘箱中，以 80~90℃的温度烘 30 分钟，即成炒青罗布麻茶。

（二）功效

降血压

罗布麻可通过增加血清过氧化氢酶（catalase，CAT）活力，清除高血压患者过多的氧自由基（OFR），防止脂质过氧化，增加降钙素基因相关肽（cGRP）的产生和释放，降低心脏负荷，从而达到降低血压的目的。

降血脂

罗布麻茶中有效成分的含量较少，且脂溶性较强，较易被肠胃吸收。罗布麻茶对高脂血症中的血清总胆固醇、血清甘油三酯值均有明显的降低作用。同时，罗布麻茶降血脂的功效并不影响人体对脂类的正常吸收。

延缓衰老 美容养颜

罗布麻所含的黄酮类化合物有很强的抗氧化作用，其中大量的维生素 C 也有很强的抗氧化作用，维生素 E 也能增强细胞的抗氧化作用。

二、文冠果茶

早在几千年前，文冠果就有了"长寿果"的美称。据《本草纲目》记载："文冠果性平、无毒、兴血栓、肉味如栗、益气、调五脏、安神。"秦始皇统一六国后，将文冠果封为"御用神茶"，表明古代人们早已经发现了文冠果茶的营养价值。文冠果茶是将文冠果的嫩叶经摊凉、萎凋后制成。

（一）加工的理论基础和加工技术

文冠果茶加工工艺流程如下：

采摘和分类→摊凉和萎凋→高温杀青→揉捻→成品

采摘和分类

采摘大小一致、没有病虫害的文冠果嫩叶，这是保证文冠果茶品质的关键因素。采摘完成之后，根据标准对嫩叶进行分类，保证整个文冠果茶生产流程的一致性。

摊凉和萎凋

将采摘完成的文冠叶摊铺在竹筛上面，厚度在2cm左右，在阳光下晒制20分钟，翻动1~2次，直至叶子顶部失去光泽为止，以上过程中叶子的水分蒸发在10%左右。

高温杀青

使用滚筒式的杀青机，杀青的温度需要控制在220~250℃，时间为5~8分钟。这一过程中文冠果茶叶中的大部分水分蒸发，整个叶质较为柔软，同时茶叶的香味也逐渐散发出来，最后将文冠果茶叶捏成团。

揉捻

使用揉捻机将茶叶快速放到机器内部进行揉捻，时间为5~6分钟，茶叶卷成条索之后，破碎的叶细胞会挤出汁，依附在茶叶表面，完成整个工作之后蒸发茶叶中的水分，使其保持干燥。

（二）功效

文冠果叶中蛋白质含量在19.8%~23%之间，其含量高于红茶，同时生物碱含量也接近花茶。文冠果叶含有丰富的生物活性物质，如杨梅树皮苷、文冠果皂苷等，因而具有杀菌、降胆固醇以及抗癌活性等。

三、桑叶茶

"人参热补，桑叶清补"，这是对桑叶的赞誉。桑叶是药食同源的食品，被国际食品卫生组织列入"人类21世纪十大保健食品之一"。患有胃病和失眠的人也可以饮用桑叶茶，因为其中不含生物碱等成分。

桑叶中含有多种生物活性物质，如黄酮及其苷类、甾体及三萜类化合物、香豆素及其苷类、生物碱、氨基酸、有机酸及其他化合物等。桑叶具有降血压、降血脂、降胆固醇、抗血栓形成和抗动脉粥样硬化、抗凝血、抗衰老及抗疲劳等作用。其降血糖作用在众多功效中尤为突出，在中医治疗中，作为治疗糖尿病及各种疑难杂症的药物而使用。经研究发现，桑叶的降血糖功效是其中的生物碱（1-脱氧野尻霉素）和多糖在发挥作用，因此桑叶茶适用于糖尿病高危人群、轻型糖尿病患者群、2型糖尿病患者的辅助治疗，正常人群饮用可起到养生保健作用。

（一）加工的理论基础和加工技术

桑叶茶加工工艺流程如下：

鲜叶采摘→摊放→杀青→揉捻→干燥→成品

🍵 鲜叶采摘

桑叶可按照常规茶树鲜叶的采摘方法进行采摘。采摘期为 5 月中旬至 6 月上旬，这一时期采摘可提高桑叶产量，制成的成品品质较好，而且黄酮、维生素等功能活性成分含量比较高。此外，采摘的鲜叶需经风干或晒干后再进行配用。

🍵 摊放

刚采收的桑叶的水分含量为 73%~77%，需经适度摊放，以使水分挥发，有利于后续加工和成品品质的提高。采用薄摊以及加快空气流动以促进摊放的进行。

🍵 杀青

桑叶可采用蒸汽杀青或锅式杀青，蒸汽杀青可减少成品中的苦涩味。采用 120℃的蒸汽，迅速投入适量鲜叶，蒸 20~30 秒，然后迅速出叶，并迅速冷却。锅式杀青，采用 130℃的锅温，炒杀 5~6 分钟，然后迅速出叶，冷却后回潮。

🍵 揉捻

蒸汽杀青叶投入揉捻机中，进行加压揉捻，加压原则"轻-中-中-轻"。锅式杀青叶可采取三揉三炒，每次揉捻 3~5 分钟，炒 2~4 分钟。

干燥

揉捻适度后，进行干燥。采用烘干方法，可先在 90~95℃下烘至七八成干，然后在 30~40℃下恒温烘 6~8 小时，直至足干。采用炒干方法，可在 70~80℃的锅温下炒至足干。达到干燥要求后经适当拣剔、筛分，密封包装。

（二）功效

降血糖

桑叶茶中包含一种 N- 糖化合物（N-containing-sugars），能有效抑制血糖出现上升现象。桑叶茶之所以能够抑制血糖含量上升，在于桑叶茶中的"生物碱"，也就是 1- 脱氧野尻霉素(1-Deoxynojirimycin)，其通过抑制麦芽糖酶等的分解，刺激胰岛素分泌，降低其分解速度。

减肥

桑叶茶有良好的消肿作用，其通过发挥桑叶的利水价值实现消肿这一目的。与普通的利尿不同的是，利水作用不仅能够有效消除水肿，同时也能够将体内多余的水分排出，从而改善水肿。与此同时，桑叶茶也有着良好的"清血"价值，饮用桑叶茶，能够将体内多余的"中性脂肪"和"胆固醇"排走。尤其是服用桑叶茶，能够有效改善和优化服用者自身的高血脂现象。

美容养颜

桑叶茶中的多酚类和胡萝卜素、维生素等多种成分可以改善和优化皮肤组织中的新陈代谢，有效抑制体内色素沉积，也能够减少皮肤中"斑"或者"脂褐质"的产生和积滞。

（三）检验标准

 感官品质检验

DB 14/T 1488—2017《桑叶茶》中对桑叶茶感官品质和理化指标做了规定，具体感官品质特征见表 8-8。

表 8-8　桑叶茶感官品质特征

项目	品质特征
外形	条形或球形，颜色为深绿色
香气	桑叶的清香味和烘焙香味，香气持久
滋味	鲜醇爽口
汤色	绿黄明亮、清澈
其他要求	无霉变，无劣变，无污染，无异味

 理化指标检验

各理化指标总结见表 8-9。

表 8-9　桑叶茶理化指标

项目	理化指标
水分 /%（质量分数）≤	7.5
灰分 /%（质量分数）≤	12.0
水浸出物 /%（质量分数）≥	33.0
碎末茶 /%（质量分数）≤	3.0

四、绞股蓝茶

绞股蓝茶是我国一种古老的中草药和常饮茶，采摘绞股蓝嫩叶和嫩芽，经由现代中药加工工艺与古法炒茶工艺相结合炮制而成，茶汤碧绿，稍带清香、微苦，入喉回甘。具有降压降脂、调节血糖、延缓衰老等功效。绞股蓝中除含有甾醇、色素外，还含有 50 多种皂苷，多分布在叶片上，其中含有与人参皂苷及其酸水解产物具有相同理化性质的皂苷。因而绞股蓝被誉为"第二人参"。

（一）加工的理论基础和加工技术

绞股蓝茶加工工艺流程如下：

绞股蓝嫩叶茎→摊放→杀青→揉捻→解块→烘二青→
炒三青→足火烘干→成品

鲜叶采收

绞股蓝在每年的 3 月开始萌发放叶，到秋季停止生长，在这期间都可采收鲜叶。大多在 6 月和 10~11 月分别采收一次，因为这两个时间段采收，绞股蓝生物量和皂苷积累相对达到最佳时期，不但保证了绞股蓝的高产量，还可保证产品质量优。采收的绞股蓝进行清水清洗后迅速沥干水，摊放处理。

鲜叶摊放

摊放主要是减少绞股蓝鲜叶中的水分，以提高绞股蓝茶的品质。一般摊叶厚度为 10~15cm，因 6 月份温度较高，摊放时间不能太长，一般为 2~5 小时。同时进行定时翻动，每隔 30 分钟左右翻动一次，以保证鲜叶失水均匀；一般摊放至鲜叶柔软性增加，手折不易断时，切成一定大小的规格，即可进行杀青处理。

手工加工方法

杀青

采用电炒锅杀青，待锅温升至 160℃左右时，投入堆放适度的鲜叶。杀青时根据锅温分为三个阶段：第一阶段为杀青初期，要采用多闷少抛的方法，以利于叶温迅速达到 85℃以上；第二阶段为叶温达到 85℃以上后，适当持续较高的锅温，以促进水分散发和杀青透彻，同时适当多推少闷，杀青至 6~7 分钟时，待大量水蒸气产生后，逐渐降低锅温；第三阶段是叶温为 85~90℃时，继续炒动 20~30 分钟，炒至鲜叶叶质柔软，手握成团，嫩茎韧而不断，则杀青适度。杀青叶即时出锅，摊开冷却。

揉捻

杀青叶冷却 40~60 分钟后，开始揉捻。揉捻的加压原则"无压短时-轻压长时-重压短时-轻压短时"。揉捻中，要注意揉捻均匀，应适当注意嫩茎组织的揉捻，防止叶组织细胞破坏率过高而嫩茎组织细胞破损率不足。同时，揉捻中发现有结团、结块现象，要及时解块、解团，并注意散开揉捻叶，防止叶温过高。一般揉捻 30~40 分钟，待 90% 以上鲜叶成条，即可进行下一工序。

干燥

揉捻后进行干燥。干燥初期采用高温多抛，后期采用低温少抛，并辅以做形。冷却后适当筛拣，即制得绞股蓝茶。

机械加工方法

 杀青

采用滚筒杀青机，杀青温度，视鲜叶老嫩程度及投叶量灵活掌握，一般滚筒杀青机前、中部温度控制在250℃左右，尾部130℃左右。杀青中，要开排湿风扇，控制杀青叶含水量降至55%~60%，出叶后应及时摊开冷却。

 揉捻与解块筛分

摊晾适度的杀青叶上揉捻机揉捻。加满杀青叶后，采用"不加压–轻压–重压–轻压"的加压原则，揉捻30分钟左右。待90%鲜叶成条后，即出叶。揉捻叶即时上解块筛分机，进行解块筛分，分清等级、档次。高档鲜叶结块、结团少则不需上解块筛分机，人工解块后即可上烘干机。

 干燥

绞股蓝茶机制加工中干燥分烘二青、炒三青、足火烘干3步。烘二青采用自动链板式烘干机，烘至含水率35%~45%；烘二青叶冷却30分钟左右后，采用瓶式烘干机或八角炒干机炒三青，至含水率10%~15%即可出机；炒三青叶出机后应摊晾2~4小时，以充分保证叶内水分分布均匀；足火烘干采用自动链板式烘干机，采用150℃左右烘干，可达到较好的效果。

（二）功效

降血脂

绞股蓝具有显著的降低胆固醇（TCH）、甘油三酯（TG）、低密度脂蛋白（LDL），升高高密度脂蛋白（HDL），保护血管内壁细胞，阻止脂质在血管壁沉积，抗动脉硬化的作用。

防血栓　调血压

绞股蓝可明显降低血黏稠度，调整血压功能，同时能防止微血栓形成并增加心肌细胞对缺氧的耐受力，起到保护心肌的作用。

疾病　防治心血管

绞股蓝可抑制心肌梗死后游离脂肪酸（FFA）升高，降低丙二醛（MDA）含量，保护心肌 SOD 和磷酸肌酸激酶（CPK）活性，纠正心肌缺血时 FFA 的代谢紊乱。因此，对心肌缺血及缺血再灌损伤具有良好的保护作用。绞股蓝的调节脂质代谢及抗氧化作用均有益于动脉粥样硬化的防治。

（三）检验标准

感官品质检验

DB 61/T 931.7—2014《绞股蓝茶》中对绞股蓝茶的感官品质和理化指标有明确规定，感官品质特征具体见表 8-10 至表 8-12。

表 8-10　绞股蓝龙须茶感官品质特征

| 等级 | 外形 | | 内质 | | | | |
	色泽	形态	香气	口感	汤色	异味	杂质
一级	浅绿	紧细卷曲蓬松	嫩香持久	鲜爽甘醇	黄绿清澈	无	无
二级	翠绿	紧细卷曲	清香持久	鲜醇回甘	淡绿明亮	无	无
三级	翠绿	卷曲松散	香气持久	鲜醇微苦回甘	翠绿明亮	无	无

表 8-11　绞股蓝叶片茶感官品质特征

| 等级 | 外形 | | 内质 | | | | |
	色泽	形态	香气	口感	汤色	异味	杂质
一级	嫩绿	紧细	嫩香	微苦甘爽	嫩绿	无	无
二级	翠绿	紧细	清香	微苦鲜醇	黄绿	无	无
三级	翠绿	紧细	清香	微苦醇正	黄绿	无	无

表 8-12　绞股蓝袋泡茶感官品质特征

外形		内质				
色泽	形态	香气	口感	汤色	异味	杂质
黄绿	段片状	清香	微苦、甘醇	黄绿	无	无

 理化指标检验

各理化指标总结见表 8-13。

表 8-13　绞股蓝龙须茶、叶片茶、袋泡茶理化指标

项目	龙须茶			叶片茶			袋泡茶
	一级	二级	三级	一级	二级	三级	
皂苷	≥ 0.5%	≥ 0.5%	≥ 0.5%	≥ 1.0%	≥ 1.0%	≥ 1.0%	≥ 1.0%
水分	7%~9%	7%~9%	7%~9%	7%~9%	7%~9%	7%~9%	7%~9%
水浸出物	≥ 36%	≥ 35%	≥ 31%	≥ 46.5%	≥ 45%	≥ 43%	≥ 30%
粉末	≤ 3%	≤ 4%	≤ 5%	≤ 1%	≤ 2%	≤ 3%	—

第四节　谷物茶

一、苦荞茶

苦荞是一种小宗作物，是世界上最早种植的农作物之一，多生长在高寒山区，籽粒供食用。苦荞是联合国粮食及农业组织（FAO）公认的优秀药食同源粮种，也是"三高"人群很好的食疗产品。

（一）加工的理论基础和加工技术

苦荞茶加工工艺流程如下：

苦荞麦→前处理→脱壳→炒制→干燥→成品

（二）功效

苦荞中主要的生物活性物质为黄酮类化合物，具有抗氧化、扩张血管、降脂降糖等作用。同时，苦荞所含丰富的不饱和脂肪酸，有助于降低体内血清胆固醇含量和抑制动脉血栓的形成，对动脉硬化和心肌梗死等心血管疾病均具有很好的预防作用。因此，饮用苦荞茶具有较高的保健功效。

（三）检验标准

 感官品质检验

DBS 51/004—2017 食品安全地方标准《苦荞茶》对苦荞茶的感官评价和理化指标有相关规定，感官品质特征具体见表 8-14。

表 8-14　苦荞茶感官评价

项目	要求	检验方法
色泽	具有产品应有的色泽，冲泡后呈产品应有的汤色，汤汁清亮	取适量样品置于清洁白净盘中，在自然光线下，目测其干品色泽、有无杂质。同时取 5g 样品，置清洁透明玻璃杯中，加 150mL 沸水冲泡 3 分钟后，观察其汤色和汤汁，嗅其气味，口尝其滋味
滋味、气味	具有产品应有的滋味与气味，无异味	
状态	具有产品应有的状态，无肉眼可见外来杂质	

 理化指标检验

各理化指标总结见表 8-15。

表 8-15　苦荞茶理化指标

项目	原味苦荞茶		调配苦荞茶	
	原麦苦荞茶	成型苦荞茶	调配原麦苦荞茶	调配成型苦荞茶
水分 /（g/100g）≤	10.0			
总黄酮（以芦丁计）（以干基计）/（g/100g）≥	0.8	2.0	0.5	1.5

项目	原味苦荞茶		调配苦荞茶	
	原麦苦荞茶	成型苦荞茶	调配原麦苦荞茶	调配成型苦荞茶
铅/（mg/kg）≤	1.0		2.0	
镉/（mg/kg）≤	0.5			
黄曲霉毒素 B_1/（μg/kg）≤	5.0			

二、大麦茶

大麦茶是将大麦进行烘焙处理制作而成的，是我国广为流传的一种茶，素有"东方咖啡"的美称，其独特的焦香味深受东方人的青睐。据《本草纲目》记载："大麦味甘、性平、有去食疗胀、消积进食、平胃止渴、消暑除热、益气调中、宽胸大气、补虚劣、壮血脉、益颜色、实五脏、化谷食之功。"大麦茶富含多种营养物质，如蛋白质、膳食纤维、氨基酸、维生素及不饱和脂肪酸，适应了人们回归自然，追求健康的需求。

（一）加工的理论基础和加工技术

大麦茶加工工艺流程如下：

大麦粒→清洗去石→焙炒→包装→成品

（二）功效

焙炒后大麦经热水冲泡，浓郁的麦香扑面而来，具有开胃、助消化、减肥等功效。大麦茶经常被用来搭配烤肉饮用，起到解腻的作用。

第五节　茶饮料

根据 GB/T 21733—2008《茶饮料》的规定，茶饮料分为茶汤、复（混）

合茶饮料、果汁茶饮料和果味茶饮料、奶茶饮料和奶味茶饮料、碳酸茶饮料、其他调味茶饮料、茶浓缩液。

茶汤

以茶叶的水提液或其浓缩液、茶粉等为原料，经加工制成的，保持原茶汁应有风味的液体饮料，可添加少量的食糖和（或）甜味剂。

复（混）合茶饮料

以茶叶和植（谷）物的水提取液或其浓缩液、干燥粉为原料，加工制成的，具有茶与植（谷）物混合风味的液体饮料。

果汁茶饮料和果味茶饮料

以茶叶的水提取液或其浓缩液、茶粉等为原料，加入果汁、食糖和（或）甜味剂、食用果味香精等的一种或几种调制而成的液体饮料。

奶茶饮料和奶味茶饮料

以茶叶的水提取液或其浓缩液、茶粉等为原料，加入乳或乳制品、食糖和（或）甜味剂、食用奶味香精等的一种或几种调制而成的液体饮料。

碳酸茶饮料

以茶叶的水提取液或其浓缩液、茶粉等为原料，加入二氧化碳气、食糖和（或）甜味剂、食用香精等调制而成的液体饮料。

其他调味茶饮料

以茶叶的水提取液或其浓缩液、茶粉等为原料，加入除果汁和乳之外其他可食用的配料、食糖和（或）甜味剂、食用酸味剂、食用香精等的一种或几种调制而成的液体饮料。

茶浓缩液

采用物理方法从茶叶水提取液中除去一定比例的水分经加工制成，加水复原后具有原茶汁应有风味的液态制品。

参考文献

唐雅乔，刘俊，王云. 茉莉花茶加工过程中的品质变化分析［J］. 西南农业学报，2018（4）：711-716.

张钰婷，叶秋萍，程淑华，等. 茉莉花茶加工技术与吸香机理研究现状［J］. 热带作物学报，2016，37（01）：209-213.

陈梅斯，练习中. 新会柑普茶标准化生产工艺研究［J］. 食品安全导刊，2018(33)：140-141.

谭晓蕾，彭勇. 罗布麻茶的研究进展［J］. 中国现代中药，2014，16（8）：666-673.

再加工茶

第九章
茶饮与健康

第一节　茶以人分

　　每个人的身体状况不同，每种茶也有各自的性味。选择适合自己的茶，才能使茶的保健作用发挥到最大。中医认为，人的体质可分为燥热体质和虚寒体质。根据"虚则辅之，实则泄之，热则寒之，寒则热之"的原则，燥热体质的人应多摄入温性和凉性食物，少碰燥热食物；虚寒体质的人宜食性温味甘辛的食物，忌食性质寒凉的食物。青茶归肝经，疏肝理气；红茶归脾经，补气养血，调脾胃；黑茶入肾经，去油腻。

　　一般认为，茶的性味随着发酵程度的加深，寒性不断减弱。性寒之绿茶，性凉之白茶，性平之青茶，性温之红茶、黑茶。绿茶、普洱生茶未经过发酵环节，性味最寒；白茶历经长时间的萎凋，内含物质微发酵，寒性物质略有减少；黄茶和青茶中的铁观音分别经过闷黄与做青处理，部分儿茶素转化为茶黄素等物质，寒性程度进一步降低；青茶中的岩茶做青时间较铁观音更长，发酵程度更高，寒性更弱；红茶和普洱茶熟茶分别历经发酵和渥堆过程，茶叶中的大多数儿茶素都转化为茶黄素、茶红素、茶褐素等氧化型多酚类化合物，寒性最小。以茶性来分，绿茶偏凉，红茶偏热，乌龙茶性平，传统铁观音发酵充分，养胃润肠。浓香型铁观音、陈香型铁观音和发酵足够的清香型铁观音有较多的茶色素（以茶黄素、茶红素为主），茶色素对胃炎治疗效果明显。

　　口臭、口干、口腔溃疡等症状，可以试饮绿茶。怕热、易出汗、面色潮红等症状，宜饮用脱生物碱绿茶或白茶、黄茶。便秘、大便干结等症状，可饮绿茶和陈年白茶。脾气暴躁宜饮用白化茶，白化茶中的茶氨酸被称为"天然镇静剂"，能明显促进大脑中枢神经系统释放出多巴胺，并提高多巴

胺的生理活性，使人感到放松、平静、心情舒畅。容易疲劳时，宜饮用乌龙茶、普洱茶。面色苍白、畏寒喜热、饮食不调、脉细等症状，可饮以红茶为基底的养生茶。容易生病与机体免疫力下降有关，该类人群可以饮乌龙茶和较为粗老的大宗绿茶。一方水养一方人，一方人喝一方茶，要改变或引导，唯有循序渐进。龙井、云雾、铁观音、毛尖、祁红、碧螺春款款甘醇、样样鲜美、杯杯醉人。

第二节　茶与季节

春饮花茶解困，夏饮绿茶消暑，秋饮青茶除燥，冬饮红茶御寒。

一、春季

春季适合饮花茶。春天大地回暖，万物复苏，人体和大自然一样，处于舒发之际，这时适合喝茉莉、桂花、玫瑰等花茶。花茶性温，春季饮花茶可以散发漫漫冬季积郁于人体之内的寒气，促进人体阳气生发。花茶香气浓烈，香而不浮，爽而不浊，令人精神振奋，消除春困，提高人体机能。青茶性甘凉，入肝经，适宜在春季饮用。

二、夏季

夏季适合饮绿茶。绿茶汤色、叶底以绿色为基调，可在炎炎夏日从视觉上给人带来一抹清凉的感受，是适宜在夏季饮用的茶。夏季温度高，人体出汗多，津液消耗大，这时适合饮龙井、毛峰、碧螺春等绿茶。绿茶性寒味苦，具有消热、消暑、解毒、去火、降燥、止渴、生津、强心提神的功能。绿茶富含维生素、氨基酸、矿物质等营养成分，既能起到消暑解热的功效，又有增添营养的作用。传统白茶也适合在夏季饮用，白茶"性寒凉，功同犀角"，祛暑清心，历史悠久，效果甚佳。

三、秋季

秋季适合饮青茶。秋天天气干燥，人常常口干舌燥，这时适合喝铁观音、大红袍等青茶。青茶性适中，介于红茶、绿茶之间，不寒不热。常饮青茶能起到润肤、益肺、生津、润喉的作用，还能有效清除体内余热，恢复津液，对金秋保健大有好处。在秋季饮用黄茶，不仅能消除体内余热，使人神清气爽，还能缓解秋燥引起的各种不适应症状（如口干舌燥）。另外，饮用黄茶可以健脾养胃，消除长夏对脾胃产生的不良影响。

四、冬季

冬季适合饮红茶。冬天气温低，寒气重，人体生理机能减退，阳气减弱，对能量与营养要求较高。这时适合喝祁红、滇红等红茶和普洱、六堡茶等黑茶。红茶性味甘温，含有丰富的蛋白质。常饮红茶，能起到补益身体、蓄养阳气、生热暖腹的作用，从而增强人体对冬季气候的适应能力。黑茶是另一类适合在冬季饮用的茶，可去肥腻、解荤腥、调理肠胃、缓解积食引起的腹胀。冬季饮食偏油、偏荤，饮黑茶可消除油腻饮食所致的不适感，预防因能量摄入过多导致的肥胖和血脂升高。

第三节　茶与宜忌

一、茶与药物

在使用与茶相忌的药物期间，不能饮茶或应错开时间（至少间隔 2 小时）。受多酚类影响的药物：含金属离子的药物；蛋白多肽类药物；抗生素；生物碱；强心苷类。受生物碱影响的药物：镇静剂；喹诺酮类药物；单胺氧化酶抑制剂；腺苷增强剂；细胞色素氧化酶 P450 抑制剂。

二、不宜喝茶的人群

神经衰弱患者慎饮茶；缺铁性贫血患者忌饮茶；心脏病患者忌饮茶；消化道溃疡患者忌饮茶；骨质疏松者；痛风患者；习惯性便秘者；经、孕、产、哺乳期妇女慎饮茶。

不适合喝浓茶的人群如下：

甲状腺功能亢进症患者

甲状腺功能亢进症患者的基础代谢率本来就很高，如果大量摄取茶叶中的生物碱，会加速新陈代谢，使各种营养素消耗增加，导致甲状腺功能亢进症患者无法得到很好的休息而加重病情。

肾结石、便秘患者

由于茶叶中含有促进结石形成的鞣酸，对预防肾结石和控制肾结石病情非常不利，所以肾结石患者不要喝浓茶。此外，浓茶中的鞣酸，有降低肠黏膜分泌黏液的作用，使肠液分泌减少，不能润滑肠道，导致粪便在肠道内滞留时间延长，肠壁对粪便水分过量吸收，引起粪便干燥，排出困难。因此，便秘的人也要少喝。

青光眼患者

浓茶会刺激神经系统，造成眼压升高。重者可造成眼球毛细血管扩张，眼睛充血加重，甚至导致青光眼急性发作。

心律失常患者

茶叶中含有茶碱等物质，这些物质对中枢神经有明显的兴奋作用，使人的心跳迅速加快，造成心动过速等，甚至产生心悸症状，这对心脑血管动脉硬化患者是一种潜在的威胁。浓茶大量进入血液，增加血容量，会加重心脏负担，加重心力衰竭程度。

胃溃疡患者

浓茶引起胃酸分泌量加大，增加对溃疡面的刺激，影响愈合，加重胃病。同时，服药期间喝浓茶会降低胃药效果，不利于疾病的康复。

抑郁症患者

浓茶易让人兴奋，加重抑郁症患者的失眠症状，建议这类患者适当喝些淡茶。

痛风患者

茶叶中含有嘌呤类化合物，会使痛风病症加剧，因此痛风患者要少喝茶。

177

三、饮茶的时间

在最佳的时间饮合适的茶。早晨：人在休息一夜之后，身体处于相对静止状态，泡上一杯红茶，能有效地促进血液循环，让大脑供血充足，同时又能驱除体内寒气。午后：人体在中午时分会肝火旺盛，用一杯绿茶或青茶能清肝胆热、化解肝脏毒素。对"三高"人群而言，坚持下午饮茶，能起到药物无法达到的效果。晚上：三餐过后，消化系统内会聚集一些肥腻之物，饮上一杯黑茶，既能暖胃又能助消化，同时还不会影响睡眠。

忌空腹（饭前）饮茶。空腹饮茶会造成血糖过低，使人出现头晕眼花症状。空腹饮茶会提高茶叶中生物碱、茶碱等生物碱的生物利用率，使血液中这些物质的浓度在短时间内加速上升，导致心悸、发抖、头晕、四肢无力等症状（俗称"茶醉"）。

忌饭后立即大量饮茶。饭后20分钟内不宜大量饮茶。因为饭后大量饮茶会冲淡胃酸，抑制胃液分泌，影响蛋白质的消化吸收，严重时甚至引起胃黏膜炎。因此，最好是饭前半小时不饮茶，饭后1小时以后再饮茶。

忌睡前饮茶。睡眠不好或对生物碱过敏者，在睡前3小时内最好不要饮茶。

忌饮冷茶。"茶宜温热而饮，冷茶有滞寒、聚痰之弊"。冷茶、热茶因人而异，茶汤是冷还是热，最终还是看个人的口味，"适口"才是最高标准。比如安溪铁观音、水仙、冻顶等乌龙茶，在茶汤略微有些烫嘴时品饮，风味最佳。然而，白牡丹、白毫银针、西湖龙井、东方美人等，应耐心等待茶汤温度略微降低后再慢慢品饮，这时茶汤的口感反而更好。茶汤最适宜温度为50℃，温度太高，难免烫嘴，反而刺激味觉，让味蕾变得麻木。如果低于50℃，人的味觉也会变得比较迟钝。随着茶汤温度的不断降低，原本溶解于茶汤中的物质会慢慢析出，茶汤的味道也由最初的自然和谐变得浑浊而不协调。

忌新茶急饮，新茶中存在一些不稳定、易挥发的香气成分，需经过一段时间的存放后才能形成相对稳定的香气特征。此外，新茶"火气"较足，立马饮用可能会使人上火。因此新茶宜放置一段时间后再喝，所以茶叶"抢早""抢新"不一定适宜，特别是对一些肠胃不好的人，一定切忌急饮新茶。

喝茶能"醉"人，这分两种情况：①空腹喝茶，特别是喝浓茶，就会浑身发软；②身体虚弱时，喝浓茶也会"醉"。

四、茶疗与养生

神农日遇七十二毒，得茶而解之，作为药用出现的茶叶，让我们的生活更健康。人与草木自然和谐亲密相处而形成一个"茶"字，随着闲适的生活衍生出更多健康与快乐的元素。喝茶可以喝出好心情，常饮常新，心旷神怡，长饮不腻。绿茶不但汤色澄碧，滋味鲜爽，而且保健与抗癌功效举世公认，好茶好人生，在享受中养生。人生可以简单到一杯茶：一杯好茶，一杯平肝通淋、甘苦回味的浓绿之茶；一杯粗茶，好将那在喉头舌尖百转千回的缭绕香气和江河湖海一起咽下。喝茶重在放松身心，重在交流交友，重在怡情益智，重在享受时光。人生只若如初见，煮上一壶琉璃琥珀，吞下一口玉液琼浆。一茶一乾坤，一汤一世界。壶中日月长，壶言壶语。

利尿解乏之绿茶；养胃护胃之红茶；减肥养颜之青茶；清热护肝之白茶；抗菌消炎之黄茶；降压解油之黑茶。

🫖 饮绿茶的好处

绿茶是一种不发酵茶，营养成分较高，并且具有降血脂、防血管硬化等药用价值，同时也是一种抗癌的茶。夏季，气候炎热，佳木繁荫，盛暑逼人，人体的津液大量损耗。此时，以饮用性味苦寒的绿茶为宜，冲泡后水色清冽，清汤绿叶，幽香四溢，给人以清凉之感。绿茶内茶多酚、生物碱、氨基酸含量较多，有刺激口腔黏膜、促进消化腺分泌的作用，利于生津，实为盛夏消暑止渴之佳品。

🫖 饮红茶的好处

红茶养胃、提神消疲、生津解热等。

（1）提神解乏　茶叶中含有生物碱，能刺激大脑皮质神经中枢，达到提神、集中注意力，以及促进思维反应敏捷、增强记忆力的效果。生物碱还具有促进血管系统和心脏兴奋，加快血液循环以利于新陈代谢，促进身体发汗，利尿，消除疲劳等作用。

（2）生津解热　红茶中的多酚类、糖类、氨基酸等能与口腔中的唾液产生化学反应，刺激唾液的分泌；使口腔滋润，产生清凉的感觉，所以在夏天饮用红茶能达到止渴消暑的作用。红茶中的生物碱能刺激体温中枢，达到调节体温的作用，刺激肾脏以促进热量的散发，维持体内的生理平衡。

（3）消炎杀菌　红茶中的多酚类物质具有消炎的作用。儿茶素能与单细胞细菌结合，使蛋白质凝固沉淀，达到抑制和消灭病原菌的作用。食物中毒或有细菌性痢疾时，饮用红茶是很有用的。

（4）解毒　红茶中的茶多酚不仅能消炎杀菌，还能解毒。实验证明，茶多酚能够吸附重金属和生物碱，发生反应沉淀分解，达到解毒的效果。

（5）利尿　红茶中的生物碱和芳香物质联合作用，能增加肾脏的血流量，提高肾小球的过滤率，扩张肾微血管，抑制肾小球对水的再吸收，从而有利尿的作用。

🍵 饮黄茶的好处

黄茶中有大量的消化酶，可以使脂肪细胞恢复代谢功能，从而将脂肪化除。而且消化酶对脾胃最有好处，可以缓解消化不良、食欲不振。黄茶中鲜叶的天然物质保留可以达到85%以上，这些物质对防癌、抗癌、杀菌、消炎都有很好的作用，而且黄茶中有丰富的营养物质，如茶多酚、氨基酸、可溶性糖、维生素等，这些营养物质对防治食道癌有明显功效。

🍵 饮普洱茶的好处

普洱茶能够促进机体内糖异生作用，增加机体肝糖原、肌糖原储备水平，这有助于维持血糖浓度，减少蛋白质代谢物的产生，延缓运动疲劳的出现；可促进人体合成血红蛋白，增加人体有氧运动能力，减少持续运动后乳酸的产生和累积，减轻疲劳感；还可间接提升肾上腺素水平。已证实普洱茶中有效成分（如茶褐素、茶多糖）有一定抗疲劳作用。

安吉白茶的氨基酸含量较高，而茶多酚含量较低，这一组分给它的口感带来了清甜鲜爽的感官享受，茶叶中有一丝清冷，竹香清纯，非常适合女性品饮。安吉白茶有突出的抗氧化和降血糖的功能。毛峰、龙井等绿茶中所含茶多酚含量没那么高，氨基酸的含量高，因此就没有苦涩的味道，喝起来鲜爽可口。

第四节　茶与精神

茶既有生理保健功能，又有精神保健功能。所谓的精神养生，具体说来就是静心、益思，茶主静，静能养生。饮茶使人能静，静能使人思，思才能反省，才能使人进步。庄子曰："静则制怒，静则除烦，静则除热，静则定意，静则养生。"华佗说："茶，久食益思。"唐代陆羽《茶经》提出通过饮茶"精行俭德"，宋徽宗《大观茶论》提出通过饮茶"致清导和"。茶主和，以和为贵。孙中山曾说："茶是最和平的饮料。"佛家主张"禅茶一味"，以茶静修。道家则讲求以茶悟道，就是喝茶时静下心来，才能大彻大悟。陶弘景也说："茶能轻身换骨。"茶对人的心神发展有着莫大的影响。饮茶能净化心灵，修身养性。饮茶可以提高人的修养，互相尊重，使人与自然和谐。围炉品茶，促进感情，安静身心使人精神愉悦。

从精神层面讲，唐代诗人卢仝所著《走笔谢孟谏议寄新茶》中的"二碗破孤闷"，生动描述了茶叶对人的心理精神健康的作用，喝茶能够消除人心中的孤独和苦闷，给人以愉悦的感受。唐代刘贞亮爱好饮茶，并提倡饮茶修身养性，他在《饮茶十德》中将饮茶的功德归纳为十项："以茶散郁气，以茶驱睡气……"其中"散郁气""养生气"表达出饮茶能消散集结在人心中的忧郁之气，增加人的生气，即茶对人的精神状态有调节作用；"利礼仁""表敬意""可雅志""可行道"即如今的中国茶道精神，他不仅把饮茶作为养生之术，而且作为一种修身得道的方式。唐代皎然在《饮茶歌诮崔石使君》中写道："一饮涤昏寐，情来爽朗满天地。再饮清我神，忽如飞雨洒轻尘。三饮便得道，何须苦心破烦恼……"在他的另一首诗《饮茶歌送郑容》中也写道："丹丘羽人轻玉食，采茶饮之生羽翼……赏君此茶祛我疾，使人胸中荡忧栗。日上香炉情未毕，醉踏虎溪云，高歌送君出。"两首诗都描述了皎然推崇饮茶，强调饮茶功效不仅可以除病祛疾，涤荡胸中忧虑，振奋人的精神，而且会踏云而去，羽化飞升而得道。明代文学家、江南四大才子之一徐祯卿在《秋夜试茶》诗中写道："静院凉生冷烛花，风吹翠竹月光华。闷来无伴倾云液，铜叶闲尝紫笋茶。"当"闷来无伴"时，借品尝茶叶来消除寂寞，摆脱孤寂。"茶者心之水，饮之畅灵"。喝茶可以使人眼睛放松、耳朵放松、鼻子放松、舌头放松、身体放松、意念放松。品茶使人放松，而放松后才能更好地品茶。

绿茶的颜色较为清淡，给人以清凉的感觉，令人赏心悦目，有利于人静下心来。绿茶中的成分——EGCG 能够帮助对抗阿尔茨海默病，茶中含有茶氨酸，很多研究表明，茶氨酸与提高认知能力有关。茶氨酸不仅仅可以改善认知能力，还是茶能够起到镇定作用的重要因素。当服用了茶氨酸，人们的大脑将出现更多的 α 波，而这种波只有在人们没有睡意的放松情况下才会出现。绿茶提取物和左旋茶氨酸能够改善经历轻微认知损伤患者的记忆。在对精神分裂症的治疗中，茶氨酸也一定程度上减少了焦虑和其他症状。喝绿茶与较少的心理疾病和紊乱有着密切联系，喝茶是改善整体心理健康的一个有效因素。

第五节　茶与食物

一、酥油茶

酥油茶是将砖茶用水煮好，加入酥油（牦牛的黄油），放到一个细长的木桶中，用一根搅棒用力搅打，使其成为乳浊液。还可以将酥油和茶放到一个皮袋中，扎紧袋口，用木棒用力敲打。所以配置酥油茶叫"打"酥油茶。酥油茶是藏族群众每日必备的饮品，是青藏高原生活的必需品。一来可以治高原反应，二来可以预防因天气干燥导致的嘴唇爆裂，三来可以起到很好的御寒作用。寒冷的时候可以驱寒，吃肉的时候可以去腻，饥饿的时候可以充饥，困乏的时候可以解乏，瞌睡的时候还可以清醒头脑。茶叶中含有维生素，可以减轻高原缺少蔬菜带来的损害。酥油茶颜色与浓可可茶相似，喝一口茶，茶香很浓，奶香扑鼻，有一种特殊的回味。但冠心病、高血压、糖尿病、动脉硬化患者忌食；孕妇和肥胖者尽量少食或不食。

二、油茶

广西、湖南、贵州等地的少数民族聚集地区流行吃油茶，特别是苗族、侗族和土家族等，特别喜欢打油茶。制作油茶的原料主要有茶叶、茶油、花生、爆米花、油炸麻花、猪肝（或者猪肉、鸡肉、虾仁等）、葱、姜、盐等。打制油茶之前，先将猪肝或猪肉、鸡肉、虾仁等炒熟备用。然后，在铁锅中加入适量的茶油，油烧热之后，投入茶叶炒制；再加入姜丝、芝麻、花生混炒；待炒至香气四溢，加入清水煎煮，沸腾之后，加入适量的盐和淀粉，使之成为糊状。将预先制好的肉类食物、葱、爆米花、油炸食物放入碗中，则成为一碗美味可口、营养丰富的油茶。油茶可以补充足够的体能，沉淀的姜蒜和油茶树的渣滓更是有提神养气、保暖驱寒、加强血液循环的功效。伴随油茶而来的有爆米花、乌梅糕、花生油果之类下茶的小吃，在油茶中可以加葱花，嫌茶苦的便加点小盐。

三、奶茶

内蒙古、新疆、宁夏等地的北方少数民族聚集地区，奶茶是他们最喜欢的食物。蒙古族牧民的一天就是从喝奶茶开始的。这种嗜好在蒙古族被作为一种历史文化延续至当代。每天早晨吃早点的时候，新老朋友拥壶而坐，一面细细品尝令人怡情清心的奶茶，品尝富有蒙古民族特点的炒米、奶油和糕点，一面谈心、论世事，喝得鼻尖冒出了汗，正是体现了俗话所说"有茶之家何其美"的景象。熬制奶茶的原料主要有茶叶、牛奶、奶皮（奶酪）、小米、小苏打、盐、羊油或者牛油。西北地区少数民族长期饮用来自四川或湖南的茯砖茶，内蒙古地区则喜欢湖北的青砖茶，西藏地区则喜欢来自四川的康砖茶。奶茶熬制前，将砖茶捣碎，然后烧一锅开水；水沸腾之后，投入茶叶；茶水熬煮几分钟之后，滤去茶叶，茶水备用。另一口锅烧热之后，放入适量的羊油或牛油，再倒入少量茶汤，然后投入小米炒制。小米煮熟之后，倒入全部茶汤、小苏打和盐，煮沸几分钟。将牛奶或者羊奶、奶酪、黄油等倒入木桶，搅拌均匀，然后再倒入熬好的茶汤，继续搅拌。待奶茶上层出现油层，一碗美味可口的奶茶就熬成了。

少数民族把茶叶作为食物，主要还是因为食用肉、奶、油太多，缺乏植物纤维和维生素。长期缺乏植物纤维和维生素对人体健康是不利的。

四、擂茶

擂茶，盛行于广东汕尾市和揭阳市以及桂、湘西部分地区，是旧时隆重而又经济的待客方式之一。制作方法：首先将茶叶放进牙钵（一种特制的内壁有锯齿纹的陶器），湿润后用石榴木或荔枝木等硬木做成约3尺（100cm）长的擂槌（木杵）来回搅拌捣碎，接着将熟花生米、芝麻、九层塔（也叫金不换）等陆续投入牙钵擂成浆糊状，放进适量的食盐，将煮沸的开水冲入即成，故谓之擂茶。然后主人将炒米等大把大把地放入盛着咸茶的碗里，热气腾腾地端到客人面前。大家团团围坐在客厅中，边饮边嚼，边扯家常，或谈见闻时事，主人则不时添上咸茶、炒米等进行劝饮，众乐陶陶，别有一番情趣。

擂茶在中国华南六省都有分布。保留擂茶古朴习俗的地方有湖南的桃源、临澧、安化、桃江、益阳、凤凰、常德等地，广东的海丰、陆丰、英德、陆河、揭西、五华等地；江西的赣县、石城、兴国、于都、宁都、瑞金等地；福建的将乐、泰宁、宁化等地；广西的贺州八步区、平桂区、公会镇、昭平县黄姚镇等地；台湾的新竹、苗粟等地。就饮茶而言，唯有擂茶，可以自采自制，既能充饥，又可解渴，既不失茶道之情趣，又不受经济之困扰，因而使擂茶能在客家地区长期传承下来。从自然条件看，客家居域多崇山峻岭，瘴疠流行。据明《崇义县志》载："若夫瘴疠……一、三月谓之青草瘴，五、六月谓之黄芽瘴，九、十月谓之新禾瘴，立冬以后，寒气渐肃，岚雾始衰，瘴疠无矣。"在这一年就有半年瘴的恶劣自然条件下，为了生存和发展，客家人自然会想方设法，采取种种防范和治疗措施，而含盐姜、药草的香料擂茶恰有御瘴去疠之功效。此外，据周晖《汀北擂茶》记：当地人认为擂茶可以祛除邪毒。有人发烧不退，叫患痧症，便煮擂茶给他吃，热热地灌下两碗，睡一觉，出一身大汗，病便好了。遇上感冒、打摆子（疟疾）或食欲不振，亦煮擂茶吃，效果也很好。总之，擂茶有生津止渴、清凉解暑、消痰化气、健脾养胃、滋补长寿及防范和治疗瘴疠等诸多疾患之功能。客家人一直视之为饮料中的佳品。这是客家人所以传承擂茶文化的又一重要原因。

五、白族三道茶

白族三道茶，以其独特的"头苦、二甜、三回味"茶道早在明代时就已成了白家待客交友的一种礼仪。"三道茶"寓意人生"一苦，二甜，三回味"的哲理，现已成为白族民间婚庆、节日、待客的茶礼。

第一道茶叫"苦茶"，是由主人在白族人堂屋里一年四季不灭的火塘上用小陶罐烧烤大理特产沱茶到黄而不焦，香气弥漫时再冲入滚烫开水制成。此道茶以浓酽为佳，香味宜人。这道茶只有小半杯，不以冲喝为目的，以小口品饮，在舌尖上回味茶的苦凉清香为趣。寓清苦之意，代表的是人生的苦境。面对苦境，我们只有学会忍耐并让岁月浸透在苦涩之中，才能慢慢品出茶的清香，体味出生活的原汁原味，从而对人生有一个深刻的认识。

第二道茶叫"甜茶"，是用大理特产乳扇、核桃仁、桂皮和红糖为佐料，冲入清淡的用大理名茶"感通茶"煎制的茶水制作而成。此道茶甜而不腻，所用茶杯大若小碗，客人可以痛快地喝个够。寓苦去甜来之意，代表的是人生的甘境。

第三道茶叫"回味茶"，是将茶盅中放的原料换成适量蜂蜜，少许炒米

花、若干粒花椒、一撮核桃仁，冲"苍山雪绿茶"煎制而成，茶容量通常为六七分满。因集中了甜、苦、辣等味，又称回味茶，代表的是人生的淡境。寓意人生旅途，必须经历酸、甜、苦、辣才是完美的。

六、乌撒烤茶

高山云雾出好茶，乌蒙高原茶飘香。毕节地处乌蒙高原，产茶历史悠久，广大人民群众在长期的生产生活中已经形成了"客来一杯茶、饭后茶一杯"的习俗，特别是威宁自治县最具民族特色的"罐罐茶"。乌撒烤茶在威宁本地称"罐罐茶"，是威宁地域环境和独特人文延续演绎的文化现象，是茶文化从"曲高和寡"走向"雅俗共赏"的先驱。乌撒烤茶的烹茶方式独特，茶香四溢，味道浓烈，饮后使人精神倍增。因根植于民众之中，逐渐成为一种民情风俗，一种人生礼仪。"烤"字是乌撒烤茶的灵魂。一包乌撒茶、一个小砂罐、一个小水壶、一套茶器皿、一个电磁炉，构成了乌撒烤茶的全部。这是一种不同于泡茶的味道和感觉。烤制方式概括下来分为备具、烘罐、投茶、烤茶、冲水、去沫、补水、分杯等八大步骤，最特别的是烘罐和烤茶，烘罐是将茶罐置于烧旺的炭火上慢慢烘烤；烤茶是将茶叶放入烘好的罐中烤制，待罐烤热后，即取适量茶叶放入罐内，并不停地转动砂罐，使茶叶受热均匀，待罐内茶叶转黄，茶香喷鼻，即注入已经烧沸的开水。茶罐口会泛起一层厚厚的白色泡沫，形如莲花，茶叶中的灰尘、烟末随莲瓣泛起，最后再经去沫、补水、分杯茶就可以品饮了。乌撒烤茶的"八部曲"更是文化意蕴浓厚：夜郎布阵（备具）、奢香沐火（烘罐）、鹤舞高原（烤茶）、凤饮龙泉（注水）、草海飞雪（去沫）、落隐煨茶（煮茶）、布摩施法（分杯）、索玛奉茶（敬茶），使乌撒烤茶特有的文化魅力独显。

自汉唐以来，茶叶的食用在少数民族与汉族之间，形成了两种完全不同的习惯。少数民族始终将茶叶作为健康的食物，与奶酪、鲜奶混合，制成酥油茶、奶茶。这就证明了茶叶对于肉食民族健康的重要性；而在汉族聚集地区，茶叶则是一种纯粹的饮料。

茶叶是一种食物，仅仅作为饮料，还远不能发挥其应有的健康作用。特别是在今天的中国，肉类、奶制品、脂肪的大量摄入，造成因为肥胖而产生的疾病不断增加。为了健康，应该让茶叶作为食物，更多地进入人们的日常生活之中。

参考文献

慢生活工坊. 茶饮与健康 [M]. 杭州：浙江摄影出版社，2016.

余悦. 中国茶与茶疗 [M]. 北京：中央编译出版社，2016.

李江华. 茶杯里的知识 [M]. 北京：中国质检出版社，2013.

第十章
茶与文化

　　茶文化是茶的人文科学加上部分茶的社会科学，属于茶学的一部分。茶文化在本质上是饮茶文化，是作为饮品的茶所形成的各种文化现象的集合。茶文化的基础是茶俗、茶艺，核心是茶道，主体是茶文学与艺术。汉魏六朝是中国茶文化的酝酿期，唐代是中国茶文化的形成期，宋明是中国茶文化的发展期，在中唐、北宋中后期、晚明形成了中国茶文化的三个高峰。清代是中国茶文化衰落时期，20世纪80年代以来是中国茶文化的复兴时期。唐陆羽《茶经》包括茶之本源、制茶器具、茶的采制工序、烹煮茶饮的方法，"一之源""二之具""三之造""四之器""五之煮""六之饮""七之事""八之出""九之略""十之图"。宋徽宗赵佶于大观元年（公元1107年）著《大观茶论》，包括地产、天时、采摘、蒸压、制造等20篇，倡导茶学，弘扬茶文化，茶之"盛于宋""斗茶""茗饮"等活动空前活跃。

　　茶水喝起来味道苦苦的、暖暖的，中国人把它当圣水，用它款待访客，送别亲友。在中国人眼里，没有茶还算什么待客之道，因此对茶推崇备至。

第一节　文人与茶

　　自古文人认为喝茶能醒脑益思、增进记忆、促发灵感。唐代卢仝的《走笔谢孟谏议寄新茶》写道："一碗喉吻润，两碗破孤闷。三碗搜枯肠，唯有文字五千卷。四碗发轻汗，平生不平事，尽向毛孔散。五碗肌骨清，六碗通仙灵。七碗吃不得也，唯觉两腋习习清风生。"唐代元稹茶诗《一字至七字诗·茶》则写道："茶，香叶，嫩芽。慕诗客，爱僧家。碾雕白玉，罗织红纱。铫煎黄蕊色，碗转曲尘花。夜后邀陪明月，晨前命对朝霞。洗尽古今人不倦，将知醉后岂堪夸。""宝塔体"咏茶诗将茶的品质、功效以及人们的饮茶习惯和对茶的喜爱描写了出来。苏轼诗："戏作小诗君莫笑，从来佳茗似佳人。"苏轼在《汲江煎茶》中写道："活水还须活火烹，自临钓石取深清。大瓢贮月归春瓮，小杓分江入夜瓶。雪乳已翻煎处脚，松风忽作泻时声。枯肠未易禁三碗，坐听荒城长短更。"宋代杜耒诗："寒夜客来茶当酒，竹炉汤沸火初红。寻常一样窗前月，才有梅花便不同。"清代郑燮《题画诗》写道："不风不雨正晴和，翠竹亭亭好节柯。最爱晚凉佳客至，一壶新茗泡松萝。几枝新叶萧萧竹，数笔横皴淡淡山。正好清明连谷雨，一杯香茗坐其间。"宋代黄庭坚茶词《阮郎归》写道："摘山初制小龙团。色和香味全。碾声初断夜将阑。烹时鹤避烟。消滞思，解尘烦。金瓯雪浪翻。只愁啜罢水流天。余清搅夜眠。"其中"金瓯雪浪翻"画出了茶叶如凌霄仙子翩翩起舞的优美姿态和雪浪翻滚的诱人汤色。

第二节　茶与茶人——漫漫茶路

喝茶品的是功夫，饮的是境界！茶中富含生物碱，能够在饮用之后促进中枢神经的兴奋，从而起到提神益智的功效。陆羽在《茶经·一之源》中讲"苦热渴、凝闷、脑疼、目涩、四肢烦、百节不舒，聊四五啜，与醍醐、甘露抗衡也"，详尽道出了饮茶的去寐涤烦之功。苏东坡写道"意爽飘欲仙，头轻快如沐"。吴淑在《茶赋》中论茶功"涤烦疗渴，换骨轻身，茶荈之利，若其神功"，说出茶能消除烦忧，令头脑清醒。

习茶以修身，人们不停地运转，没有定期的歇息，就无法健康地生活。实际上，人类的许多疾病是因为忽略了休息而引起。断开与"尘世"的连接，反观自身，回味人生。"为名忙为利忙忙里偷闲喝杯茶去，劳心苦劳力苦苦中作乐拿壶酒来。"饮酒是一种向外的宣泄、释放，饮茶则是一种向内的寻觅、返真。人在遇到茶之后，通过茶事生活，温润了身心，联结了群己，贯通了天地，茶给人身体助益，精神妙趣。茶带给人滋味的享受、心理的愉悦和精神的提升。"以茶散郁气，以茶驱睡气，以茶养生气，以茶除病气，以茶利礼仁，以茶表敬意，以茶尝滋味，以茶养身体，以茶可行道，以茶可雅志。"（唐·刘贞亮）。"喝茶当于瓦屋纸窗之下，清泉绿茶，用素雅的陶瓷茶具，同二三人共饮，得半日之闲，可抵十年的尘梦。喝茶之后，再去继续修各人的胜业，无论为名为利，都无不可，但偶然的片刻优游乃正亦断不可少。"

　　"喝红茶的西方人，西方人的喝茶是用时间来度量茶，喝的是晨茶、上午茶、下午茶、晚茶，茶就像钟表一样提示人正处于作业或行为的某个阶段，所凸显的是茶外之人的所作所为。茶只是工具性存在，茶为人所用，仅此而已。"

　　喝绿茶的东方人，与茶相伴的人通常不会过于在意人世的喧嚣、名利的争执，相反，他们更容易被那些非人的事物或现象所感染或打动，例如，他们常常会驻足、流连于植物的纤细、山川的秀美、茶汤的绵厚等非物质性的方面，他们不愿意纠缠于俗物琐事，所以，他们身处闹市却心静如水。

　　快节奏生活方式、大众消费方式等正成为当下社会压倒性的时尚，反映出现代生活的日常性和大众化，它确实具有传统生活方式所缺乏的便捷、省力、标准等优点，但同时也有物欲化、均质化的不足，这些不足加剧了很多现代人的焦虑、恐慌等非日常性心理和生活状态，许多人因怕跟不上时代、担心被边缘化、忧虑职场竞争而陷入心理亚健康境地。最美不过在每日的某个时段坐下来喝杯茶，静心看茶叶上下沉浮，品茶汤爽口清心，享受品茗带来的片刻欢愉和释放。

第三节　茶与儒释道

　　儒家追求人际关系的和谐，关注社会秩序的稳定，"和"是儒家哲学的核心思想。中国茶文化精神的核心就是"和"，提倡通过茶文化营造和谐稳定的社会秩序，引导人和人之间的和睦相处。茶叶具有中和、恬淡、精清、高雅的品性，深受儒家茶人的喜爱。儒家以"修身齐家治国平天下"为人生信条，在修齐治平时，以茶修性、励志，获得怡情悦志的愉快；而在失意或经历坎坷时，也将茶作为安慰人生、平衡心灵的重要手段。唐代陆羽《六羡歌》云："不羡黄金罍，不羡白玉杯，不羡朝入省，不羡暮入台，千羡万羡西江水，曾向竟陵城下来。"将品茶作为修炼"精行俭德"理想人格的重要途径。宋徽宗赵佶在《大观茶论》中说："缙绅之士，韦布之流，沐浴膏泽，熏陶德化，盛以雅尚相推，从事茗饮。"概括茶有清、和、淡、洁、韵、静的禀性，饮茶有助修德。儒家提倡以茶养廉、以茶为友、以茶励志的思想。

　　佛教尤其是禅宗思想中，"静"具有非常重要的地位。禅的意思是"修心"或"静虑"。茶道也追求空灵静寂的禅境。禅借茶以入静悟道，茶因禅而提高美学意境。茶与禅在"悟"上有共通之处，饮茶有助于参禅悟道，从参悟茶理上升到参悟禅理。浙江普陀山普陀佛茶、长兴吉祥寺顾渚紫笋、杭州龙井寺西湖龙井、湖南白鹤寺君山银针、湖北远安鹿苑寺鹿苑茶、安徽黄山云谷寺黄山毛峰、休宁县松萝庵松萝茶、福建武夷天心观大红袍、四川蒙山智炬寺蒙顶云雾、江西庐山招贤寺云雾茶等，都反映了名山有名寺，名寺有名茶。端午节点菖蒲茶，重阳节点茱萸茶。佛教强调"禅茶一味"，意为以茶助禅，以茶礼佛。在品尝茶味苦涩的同时，还注入了佛理禅机。日本茶道精神以"和、敬、清、寂"为根本，其源头就是"茶禅一味"。"正清和雅"的禅茶理念中，"正"，就是儒家的浩然正气；"清"，就是道家的清风雅趣、淡泊人生；"和"，就是佛家的一团和气，众生平等；"雅"，就是茶所带来的活甘清香的雅气。

道家哲学的重要思想"和"，强调人与自然之间的和谐。道家主张清静淡泊、自然无为的思想，与茶所具清、淡、静、真、和的属性吻合，茶可以作为追求天人合一思想的载体，于是道家之道和饮茶之道和谐地融在一起。茶人在饮茶时接近大自然，与之亲切交流，在茶室的实践活动中体会大自然的规律。道教很早就了解茶叶具有轻身换骨的养生功效，养生延年是茶与道教形成关联的结合点。中唐诗僧皎然在《饮茶歌诮崔石使君》中将茶比作"诸仙琼蕊浆"，饮茶可以修道成仙。僧人皎然认同道教饮茶可得道、全真的理念，将茶道的起始归于道教。明代徐渭的《徐文长秘集》指出品茶宜衬托在精舍、云林、竹灶、寒宵兀坐、松月下、花鸟间、清流白石、绿藓苍苔、素手汲泉、红妆扫雪、船头吹火、竹里飘烟等场景，将人与自然融为一体，充分体现了道家的思想。

儒家是茶道文化的核心，佛家则是茶道文化的传播者和推广者。中国茶道汲取儒、道、佛三家的哲学思想和修行理念，将茶道文化与三教文化融会贯通，人们在饮茶养生的同时，能提高自我身心节操，达到修行养德的境界。

中国茶文化糅合了中国儒、道、佛诸派思想，独成一体，是世界文化中的一朵奇葩。既是饮茶的艺术，也是生活的艺术，更是人生的艺术。

第四节　茶与传播

茶叶最初兴于巴蜀，其后向东部和南部逐渐传播开来，遍及全国。到了唐代，又传至日本和朝鲜，16世纪后才被西方引进。饮茶促进了中华文明的传播与中华民族的凝聚。唐代，与吐蕃设立茶马互市，只是将民间贸易提升到官府管控的状态。茶马古道是我国历史上内地农业地区和边疆游牧业地区进行茶马贸易所形成的古代交通路线，分川藏、滇藏两路，逐渐形成了具有中国特色的"北方丝绸之路，南方古茶马之路"格局。古老的茶道就像一条宽阔的走廊，连接着各个民族，增进了民族之间的团结与友谊。茶马古道对于茶文化的传播具有重要的历史意义，加速了茶文化的交融，促使各民族茶文化升华，进而扩充了中华民族文化的内涵。古老的茶马之路是超越人文精神，体现"团结，无畏，恒心"人文精神的一条途径。

宋代，茶被传到了近邻日本，日本《类聚名物考》里讲："茶道之起，由宋传入。"宋人精致的点茶技艺在日本被发展成茶道，对日本文化产生了重大的影响。千利休是日本茶道的"鼻祖"和集大成者，他提出了"和、敬、清、寂"的茶道思想，"和"是平和、人和，是互相愉悦之心；"敬"是尊敬长者，敬爱朋友与晚辈；"清"是洁净、幽静，心平气静的境界；"寂"是闲寂、优雅，是"断""舍""离"。借助茶道调整人与人、人与物的关系，规范人的行为，教导人遵守秩序，坚定忍耐。拂去尘埃，看到本真的初心；回归自然，汇聚消散的灵性。这就把饮茶上升到形而上的高度，为茶文化做出了重大贡献。除了中国和日本，再也找不到对茶形而上的意义这么讲究的国家了。

欧洲文献中最早记载饮茶的是《马可·波罗游记》和马可·波罗所著的《中国茶》。1610年，荷兰人从上海来澳门，将中国茶叶贩运到印度尼西亚，或转销到欧洲。到了1780年，英国、荷兰才开始在印度种植从中国输入的茶籽，并由此产生了英国的红茶文化。茶叶助力了英帝国的扩张。东印度公司通过垄断中国的茶叶生意，成为当时世界最大的公司。喝茶塑造了英国人的性格，英式下午茶风靡世界。"茶歇时间"概念的出现提升了人们对生活的忍耐力，喝茶有助于产业工人恢复体力。茶向世界的传播主要借由大英帝国之手实现，17世纪，茶叶先后传到荷兰、英国、法国，以后相继传到德国、瑞典、丹麦、西班牙等国。18世纪，饮茶之风风靡整个欧洲。19世纪，中国茶叶几乎传遍了全世界，饮茶之风已在全球掀起。中国茶叶文化的发源地，世界各国的茶叶都与中国的茶叶有着直接或间接的联系。茶经过几千年的发展，如今已经成为风靡世界的三大无酒精饮料之一。茶文化源远流长，博大精深。

茶文化的有效传播是民族文化对中国社会发展的传承，世界各地茶文化的进步也推动着中国茶文化的发展。在"一带一路"背景的支持和指导下，茶文化融入网络发展，使茶文化得到了更快速的传播。

第五节　茶与艺术

茶叶经历了直接取自茶树的鲜叶，压制、晾晒后制成的饼茶以及变革加工后的各类散茶三种迥然相异的形态。自然形态的鲜叶：神农氏"尝百草，日遇七十二毒，得荼而解之"，晏子"以茶代菜"，这里的"茶（荼）"都是指从野生茶树上采摘下来的青叶。《华阳国志》记载：巴国把茶作为贡品进贡给周武王。在当时可能是晾晒或烘干后的散茶。东晋时期，茶从最初的药用、食用发展到日常饮料。从散茶到饼茶：魏晋南北朝时期，人们将散装茶跟米膏和在一起制成茶饼，即晒青饼茶。在唐代及以后相当长的时间里，蒸青茶饼取代晒青茶饼。自唐至宋，贡茶兴起，宋代蔡襄发明了小龙凤团茶。从饼茶到蒸青散茶：1391 年，明太祖朱元璋下诏废除贡茶中的龙凤团茶，改用散茶，由此蒸青散茶大为盛行。从蒸青散茶到炒青绿茶：明代炒青制茶法日趋完善，在张源的《茶录》、许次纾的《茶疏》、罗廪的《茶解》中均有详细记载。

茶叶从药物、食物逐步发展成为饮料，从牛饮、解渴到品茶，从品茶再发展到茶艺。茶艺是中国茶文化的主要内容之一，是赏茶、泡茶、品茶的艺术展示，它包含了"礼、敬、和、静、美"等内涵。源于西汉、盛于初唐的煮茶法，流行于中晚唐的煎茶法，盛行于两宋的点茶法，流行于世的泡茶法。茶艺表演是指将品茶过程艺术化、形象化地表现出来，茶艺之美是一种综合的美、整体之美，包含视觉的美、嗅觉的美、味觉的美、听觉的美和感觉的美，它使人的感官得到愉悦，进而达到精神的全面满足。茶艺表演要具备"四要"，即精茶、真水、活火、妙器。唐代的茶具古朴雅致，越窑青釉盏为最盛行的茶盏。宋代的茶具则富丽典雅，推崇黑色的建盏，其中黑釉盏最适合用于当时盛行的"斗茶"中。元代茶盏的釉色从黑色向白色过渡。明代的茶具依然主要是瓷质的，不过白色的瓷器更能反衬出茶汤的颜色，所以茶盏的釉色就由宋代的黑色转变为白色。清代的茶具异彩纷呈，其中景德镇的瓷器和宜兴的紫砂壶最为著名。现代茶具样式更新颖，品种更繁多，质量更优良。伴随着茶艺形式及茶文化思想的不断演变，茶具也在不断的发展。

茶在世间并不孤独，茶与诗词，茶与歌舞，茶与书法，茶与字画，茶与佛，茶与道，茶与禅，茶与花道，茶与香道，使精神世界更加充实。茶诗、茶词、茶字、茶画、茶联、茶歌、茶舞、茶戏、茶俗不单纯是雅志，更多的是文化与历史的交织。宋代《高斋漫录》有载：司马光与苏轼论茶墨俱香，云："茶与墨二者正相反，茶欲白墨欲黑，茶欲重墨欲轻，茶欲新墨欲陈"。苏曰："奇茶妙墨俱香，是其德同也，皆坚，是其操同也。譬如贤人君子。"可见茶墨之芬芳，茶墨之秉德。茶与书法一样，都需要高尚的德行来滋养。唐宋茶文化盛行，大部分跟茶有关的书法作品都诞生于这个时期，像唐朝怀素和尚的《苦笋贴》、宋蔡襄的《茶录》。《茶录》除了是一本记录如何烹茶、辨别茶的工具书，更是一部书法作品，至今故宫博物院还保留着一卷《楷书蔡襄茶录》抄本。又如唐代阎立本的《斗茶图卷》、周昉的《调琴啜茗图卷》，宋代宋徽宗赵佶的《品茶图》、刘松年的《斗茶图》《卢全烹茶图》，元代赵孟頫的《斗茶图》、丁云鹏的《玉川烹茶图》，明代文征明的《惠山茶会图》、唐伯虎的《烹茶画卷》《品茶图》。《斗茶图》描写了中国元代斗茶的情形——画中四人，人人身边有茶炉、茶壶等饮茶用具，轻便的挑担有圆有方；左前一人手持茶杯、一手提茶桶，其身后一人手持一杯，一手提壶。斗茶者把自制的茶叶拿出来比试，展现了民间茶叶买卖和斗茶的场景。现代茶与摄影广泛联系，以茶为题材的优秀摄影作品时有所见。

茶文化发展到今天，已不再是一种简单的饮食文化，而是一种历史悠久的民族精神特质，讲究天、地、人、山、水的合而为一。

参考文献

李文钊．食品文化概论［M］．北京：中国轻工业出版社，2020．

丁以寿．中国茶文化概论［M］．北京：科学出版社，2018．

孔庆东．茶道［M］．长春：吉林出版社，2016．